油田企业模块化、实战型技能培训系列教材

U0382975

轻烃装置操作岗
技能操作标准化培训教程

丛书主编　陈东升

本书主编　陈国才

中国石化出版社

图书在版编目(CIP)数据

轻烃装置操作岗技能操作标准化培训教程/陈东升，
陈国才主编.—北京：中国石化出版社，2022.3
油田企业模块化、实战型技能培训系列教材
ISBN 978－7－5114－6596－2

Ⅰ.①轻…　Ⅱ.①陈…②陈…　Ⅲ.①烃－石油炼制－
化工设备－操作－技术培训－教材　Ⅳ.①TE96

中国版本图书馆 CIP 数据核字(2022)第 035132 号

中国石化出版社出版发行

地址：北京市东城区安定门外大街 58 号
邮编：100011　电话：(010)57512500
发行部电话：(010)57512575
http://www.sinopec-press.com
E-mail:press@sinopec.com
北京力信诚印刷有限公司印刷
全国各地新华书店经销
*
787×1092 毫米 16 开本 12.75 印张 315 千字
2022 年 4 月第 1 版　2022 年 4 月第 1 次印刷
定价:88.00 元

《油田企业模块化、实战型技能培训系列教材》
编委会

《轻烃装置操作岗技能操作标准化培训教程》
编委会

主　　任　　焦玉清　孟祥平

委　　员　　段卫锋　张会宾　刘　光　况忠文　朱机灵
　　　　　　盛　伟

编写人员

主　　编　　陈国才

副 主 编　　杜　侃　何陶钢

编写人员　　陈国才　杜　侃　何陶钢　钟分丽　牛　芳
　　　　　　刘怀杨　杨　岗　孙晓涛　刘　梅　郭海荣

审核人员

主　　审　　刘元直

审核人员　　温韶霞　胡德东　戴海林

序　言

为贯彻落实中原石油勘探局有限公司、中原油田分公司（以下简称中原油田）人才强企战略，通过开展专项技能培训和考核，全面提升技能操作人员工作水平，促进一线生产提质增效，由中原油田人力资源部牵头，按照相关岗位学习地图，分工种编写了系列教材——《油田企业模块化、实战型技能培训系列教材》，本书是其中一本。

本书具有鲜明的实战化特点，所有内容模块都围绕生产实际业务或操作项目设置，既能成为提升实际工作能力的培训教材，也可以作为指导岗位操作的工具书。其内容具备系统性，既包括施工前准备、执行操作流程、操作要点与质量标准，也包括安全注意事项及事故应急处理等内容，体现了"以操作技能为核心"的特点。所有编写人员均来自基层单位，有基层技能操作专家，也有技术骨干等，真正体现出"写我所干，干我所写"的理念。

本书适用于相关工种员工的日常学习，以及基层单位组织集中培训、岗位练兵等使用，每本教材后都附有本工种学习地图，使本工种各技能等级员工都能找到自己的努力方向和学习内容，为广大员工开展个性化岗位学习、提高学习效率点亮一盏指路明灯。

同时，本书也向广大读者传达一种"学、做翻转"的人才培训思路：即打破参加培训就是到课堂学习知识的传统思维方式，把"学习知识、了解流程、掌握标准"的活动放在工作岗位，通过对教材内容的学与练，提升职业技能水平；只有遇到岗位学习或工作中难以解决的问题时，才考虑参加集中培训，通过对具体问题解决过程的体验、学习与感悟，提升学习者解决实际问题的能力。

当然，本书的编写也是实战型培训教材开发的初步实践，尽管广大编者尽其所能投入编写，也难免存在有不妥之处。期望广大读者、培训教师、技术专家及培训工作者多提宝贵意见，以促进教材质量不断提高。

《油田企业模块化、实战型技能培训系列教材》编写委员会

2022 年 2 月

前　言

进入 21 世纪以来，世界天然气工业飞速发展，天然气在能源结构中所占比例逐年增加，2019 年已达到 24.2%。随着经济建设的不断发展，中国天然气工业也取得了长足进步，2019 年天然气产量已达 1736.2 亿立方米，世界排名第五（数据来自中国天然气工业网）。在天然气工业中，轻烃回收是重要一环，其对保证商品天然气质量、充分挖掘天然气中不同组分的工业价值、提高企业经济效益具有重要意义。轻烃回收是涉及化学工程、低温工程和安全工程的综合性工程技术。做好轻烃回收，生产优质商品天然气、轻烃产品，是发挥天然气在国民经济中基础作用的基本条件。培养和造就一大批优秀的技术人才是做好轻烃回收工作的必要条件。为满足轻烃回收装置操作工培训的需要，我们按照油田的统一部署，编写了本教材。

本教材主要特点是：一、本教材以典型装置的剖析为主线构建轻烃回收的知识体系，使本书内容具有较强的实证性，在理论叙述中掺入了大量的工业实践经验，使本书有别于同类培训教材，有助于生产一线操作人员提高实际工作能力。二、本教材完全根据轻烃回收装置操作人才培养的需要来确定编写范围和深度，慎重选取材料，而不是一味求大求全求深求厚，有利于增强培训针对性和提高培训效率。三、本教材吸收了近年国内外相关技术等内容，显示了本教材的新颖性和开放性。

本教材的编写方法是以中原油田东濮石油伴生气轻烃回收装置操

作技术为主线，其他兄弟单位同类装置技术为参考来安排全书结构；总结油田多年轻烃回收实践经验，认真比较，严格鉴别，谨慎选择；有分工协作，有集中讨论，互审互改，反复斟酌，苦心经营，历时一年完成此书。

《轻烃装置操作岗技能操作标准化培训教程》教材由中原油田天然气处理厂负责组织编写，全书包含六个操作单元。第一单元为主体装置操作，第二单元为辅助装置操作，第三单元为罐区操作，第四单元为产品装卸操作，第五单元为设备维护保养操作，第六单元为季节性安全操作。编写人员主要有：陈国才、杜侃、何陶钢、钟分丽、牛芳、刘怀杨、杨岗、孙晓涛、刘梅、郭海荣，均来自生产一线和技术管理部门。全书由陈国才进行统稿。

由于编写时间紧迫，编写人员学识和水平有限，教材中不足之处在所难免，敬请各使用单位及个人对教材提出宝贵意见和建议，以便修订教材时补充更正。

目　　录

第一单元 主体装置操作

本书以中原油田天然气处理厂第三气体处理厂轻烃装置为例，介绍轻烃装置各单元的标准化操作程序与方法。

主体装置主要任务是通过燃气轮机驱动的离心式压缩机对石油伴生气进行增压，为下一步实现膨胀制冷提供条件。本单元设备主要有燃气轮机、离心式压缩机、空气冷却器、分离器等。

燃气轮机由意大利新比隆公司制造，型号为 MS1002D，属于工业重载、分轴式燃气轮机。主要由空气过滤器、轴流压气机、燃烧室、固定喷嘴、可调喷嘴、高压涡轮、低压涡轮、启动电机、油泵等组成。轴流压气机为 15 级，采用第 10 级抽取气放空来防喘，第 15 级出口气作为防冰气。工作涡轮均为单级，高压涡轮用于驱动轴流压气机、主润滑油泵、主液油泵；低压涡轮用于驱动原料气压缩机。

燃气轮机设计工况：在 +15℃，1atm 气候环境下，燃气轮机输出功率为 4770kW；高压轴额定转速（TNH）为 11140r/min，低压轴额定转速（TNL）为 10290r/min；烟道排气温度 525℃，报警温度 538℃，高温停机温度 560℃。不同温度下燃气轮机输出功率是不同的，一般地，环境温度越高，燃气轮机输出功率越低。典型环境温度下的功率见表 1-1。

表 1-1 主要环境温度下燃气轮机输出功率对应表

环境温度/℃	-10	32	42
输出功率/kW	5300	3970	3675

原料气压缩机组为意大利新比隆公司制造，离心式，两段压缩，共有 8 级叶轮，叶轮公称直径 400mm，筒型结构，背靠背安装。压缩机两端采用油膜浮环密封，轴承为多瓦块可倾式滑动轴承。反映离心式压缩机性能的主要参数是进出口压力和温度、额定转速、额定功率等，见表 1-2。

表 1-2　离心式原料气压缩机主要性能参数表

参数	一段	二段
入口压力/MPa	0.577	1.50
出口压力/MPa	1.55	3.41
入口温度/℃	32.2	45
出口温度/℃	104	111
额定功率/kW	3790	
额定转速/(r/min)	10290	

其他相关数据还包括：

①燃机燃气消耗量：$4.2 \times 10^{4} \mathrm{m}^{3}/\mathrm{d}$(标准状态)；

②润滑油加注量：3.2t；

③润滑油型号：美孚 DTE 轻级 - 涡轮机/循环系统油；

④润滑油等级：ISO VG 32。

模块一　主体装置设备操作

项目一　燃气轮机/原料气压缩机开机前检查

1　项目简介

核实确认燃气轮机、离心式压缩机组各系统是否具备开机条件。

2　操作前准备

(1)工具准备：检查表 1 份、记录笔 1 支、防爆 F 扳手小号和中号各 1 把。

(2)劳保准备：防静电服 1 套(工衣、工裤)、防静电工鞋 1 双、安全帽 1 顶、手套 1 双。

3　操作步骤

3.1　供电系统检查

现场确认 88QA 辅助润滑油泵、88HQ 辅助液压泵、88SM 脱气罐搅拌器、电源开关，应在"OFF"(断电)位置。

通知配电室给原料气压缩单元(除 88TA 惯性分离器)、燃料气压缩单元、导热油单元及冷却水单元所有用电设备供电。

3.2　检测及控制系统检查

检查现场所有压力表、压差表、液位计、压力或压差变送器、自力式调节阀引压阀及仪表风截止阀，应在打开位置。检查仪表显示是否正确。

3.3 冷却水系统检查

(1)冷却水泵应在运行状态，且冷却水压力、流量应正常。

(2)利用切换手柄选择一台可正常工作的油冷器，全开该油冷器冷却水进出口阀，关闭油冷器排污阀。

3.4 润滑油、液压油、控制油及密封油系统检查

(1)检查油箱油位，应在规定的上下限之间；油质应合格。

(2)利用切换手柄选择一台可正常工作的润滑油过滤器、液压油过滤器、控制油过滤器并开启相应的放气阀，关闭所有油滤器排污阀。

(3)打开脱气罐搅拌器供油阀和脱气罐溢流回油阀。

(4)打开密封油高位罐油位调节阀前后截止阀，检查其旁通阀，应关闭。

(5)打开密封油收集罐进出口截止阀，检查其旁通阀，应关闭。

(6)打开捕雾过滤器进出口截止阀，检查其排放阀，应关闭。

(7)检查限流孔板旁通阀应关闭，打开单向阀下游截止阀。

3.5 密封气系统检查

(1)打开均衡气/平衡气压差调节阀前后截止阀，关闭其旁通阀。

(2)检查密封气的干气和燃料气供气阀，均应在关闭状态。

3.6 原料气及相关工艺系统检查

(1)检查 HSV - 0101 原料气入口阀及其旁通阀，均应关闭。

(2)检查 HSV - 0107 膨胀制冷增压机入口阀及其旁通阀，均应关闭。

(3)检查现场 01037 跨线截止阀及其旁通阀，均应关闭。

(4)检查膨胀制冷增压机防喘阀 FV - 0103，应关闭。

3.7 热油系统检查

(1)检查热油膨胀罐 7 - V1 油位，应在正常油位(100 ~ 300mm)。

(2)打开补油阀 HSV - 0705。

(3)选择其中一台热油泵作为主泵，全开入口阀，关闭出口阀和旁通阀。

3.8 燃机轴流压气机防喘阀检查

检查现场轴流压气机防喘阀，应全开，即阀弹簧应在收缩复位状态。

3.9 消防、防冰及机舱冷却系统检查

(1)检查 CO_2 钢瓶有无空瓶，若有空瓶应及时填充。

(2)检查消防盘控制选择开关，应置"AUTO"(自动)位置。

(3)在燃机 MARK V 界面上选择 Turbo Unit /Turb. Ventilation Sys，将防冰调节器置"AUTO"(自动)位置。

（4）检查机舱冷却通风百叶窗，应在开启位置。

3.10 燃料气系统检查

按照 5 - K1A/B 燃料气压缩机操作进行检查和准备。

3.11 中控室 MARK V 检查

（1）检查燃气轮机主选择开关 Master Select 应在"OFF"（断电）位置。

（2）选择 Proc. Compr/Process Gas 检查烟道状态，主、副烟道应在全开位置。

（3）将原料气压缩机防喘阀 FSV0122 置"M"（手动）位置且阀门全开，并点击"Fast Opening Reset"复位。

（4）在 DCS 中将导热油温度调节器 TICA - 0703、TICA - 0704、TICA - 0705 置"M"（手动）位置且输出为 0%，同时现场进行烟道复位。

4 检查要点

（1）启动前确保压缩机进口压力为 0.4 ~ 0.6MPa。

（2）机组防喘阀是否正常启闭，润滑油箱的油位、油质应作为重点部位检查。

（3）每检查一项，将检查结果记录在检查表上，有问题应作详细记录。

5 安全注意事项

（1）设备管网密集区检查应注意防止摔伤碰伤。

（2）电气系统检查应注意防止触电。

（3）雨雪天气检查应注意防止滑倒。

6 事故预防与应急处置

本单元典型事故选取的是天然气泄漏，具体处置程序见表 1 - 3。

表 1 - 3 天然气泄漏事故预防与应急处置

步骤	处置	负责人
预防	按时巡回检查，做好管线设备防腐，保持可燃气体报警仪正常工作	操作工
现场发现泄漏	迅速关闭入口紧急切断阀 ESDV - 1000	中控室操作工
报告	向当班班长及值班调度汇报	操作工
	调度立即通知维保人员	调度
应急处置措施	在维保人员未到达现场前，班长立即组织人员对泄漏点实施监控	班长
	维保人员到达现场组织抢修	维保人员
应急终止	维修完毕并试漏合格后，向调度汇报应急终止	班长

7 拓展知识阅读推荐

[1] 魏忠昕. 天然气净化操作工[M]. (第1版). 北京：中国石化出版社，2013.

[2] 侯天江. 天然气净化技术[M]. (第1版). 北京：中国石化出版社，2013.

项目二　2-TK1膨胀/增压机操作

1　项目简介

本项目提供2-TK1膨胀/增压机操作方法，实现2-TK1膨胀/增压机机组安全平稳启动，并进入正常运行状态。

2　操作前准备

（1）工具准备：防爆F扳手小号和中号各1把、对讲机1双。

（2）劳保准备：防静电服1套（工衣、工裤）、防静电工鞋1双、安全帽1顶、手套1双。

3　基础数据

本规程仅适用于美国MAFI公司生产的EC2-374型膨胀/增压机的操作、巡检及故障排除。机组工艺代号为2-TK1，它是径向反作用式透平膨胀/增压机，其两端轴承采用径向和推力组合形式。

润滑油采用BP公司Energol LPT68冷冻压缩机油。

该机组以$120 \times 10^4 m^3/d$（标准状态）天然气重组分为设计标准，反映2-TK1膨胀/增压机组性能的主要参数是进出口压力和温度、额定转速、额定流量、设计条件下相对分子质量的变化量等，见表1-4。

表1-4　2-TK1膨胀/增压机主要性能参数

参数名称	膨胀机	增压机
入口压力/MPa	4.2	4.2
出口压力/MPa	1.35	4.2
入口温度/℃	-34	45
出口温度/℃	-83	67
液体含量/%	4.4	—
平均相对分子质量	17.26	22.68
流量/(t/h)	25	51.3
转速/(r/min)	45000	—

4　启动前各系统检查及准备

4.1　供电系统

现场主副油泵、加油泵电源开关均置"0"（断电）位置，通知配电给2-TK1机组所有用电设备供电。

4.2 仪表检测及控制系统

现场打开所有压力变送器、压力、压差表、液位计截止阀，仪表风引压截止阀。检查油温及密封气温度调节器设定值是否正确，检查现场表、计显示是否正确。

4.3 冷却水系统

(1)检查冷却水泵应投入运行且流量、压力应正常。

(2)打开油冷器冷却水进、出口阀。

4.4 密封气系统

(1)检查工艺系统辅助装置已经充分预冷，TI-0209 温度已降到 -45℃以下且 TAH-0224 和 TAH-0225 温度高报警已经消失，才允许投入密封气。

(2)导通密封气热油加热器热油流程，给加热器通入热油预热。

(3)打开膨胀机和增压机壳体排放阀，排放后关闭。

(4)打开密封气入口压差调节阀 PDIC-0253 的旁通阀，关闭其前后截止阀。

(5)打开油箱密封气出口压差调节阀 PDIC-0251 的旁通阀，关闭其前后截止阀。

(6)打开增压机侧密封气出口压差调节阀 PDIC-0252 的旁通阀，关闭其前后截止阀。

4.5 润滑油系统

(1)检查油箱油位应在高、低正常油位之间。打开油箱排放阀，检查润滑油有无乳化。

(2)打开主副油泵进出口截止阀。

(3)打开供回油压差调节阀 PDIC-0250 前后截止阀及其旁通阀。

(4)利用切换手柄选择一台能正常使用的油滤器作为主油滤器。

(5)打开油冷器油温调节阀 TIC-0250 前后截止阀、V-103、V-104 及 V-106，关闭旁通阀 V-105。

(6)关闭蓄油器入口阀 V-203 及其排污阀 V-204。

4.6 相关工艺系统

(1)检查膨胀机进出口截止阀，应关闭。

(2)检查增压机进口阀 HSV-0107、出口截止阀及其防喘回流阀 FV-0103 均应关闭。

4.7 DCS 及 PLC 系统

(1)检查膨胀机入口喷嘴调节阀 PICA-0202，应在"M"(手动)状态，且输出信号为 15%~25%。

(2)检查 DCS 上膨胀机旁通阀阀位 HIC-0203 信号设定在 100%，HIC-0204 信号设定在 65%。

(3)检查 PLC 上防喘电磁阀已复位及防喘调节器 FV-0103 置手动，且输出信号为 0%。

5 机组启动操作步骤

5.1 正常启动操作步骤

5.1.1 建立密封气系统

(1)缓慢打开密封气入口阀,密封气经热油加热器加热后,温度调节阀 TI - 0254 应把温度控制在 20 ~ 40℃。

(2)密封气投入后,PDIC - 0250 调节密封气/参考气压差在 0.34MPa,注意控制该压差一定不要超过 0.7MPa,否则可能损坏密封装置。

(3)先后打开增压机/膨胀机壳体排放阀,对增压机/膨胀机进行壳体排放。排放后分别关闭两个排放阀。

5.1.2 启动润滑油系统

(1)检查 PLC 密封气/参考气低压差报警,应消失。

(2)检查油箱油温不低于25℃。润滑油泵允许温度为10℃。润滑油加热器投用温度为 <32℃,停用为35℃。

(3)现场将两台油泵准备开关由"0"(断电)转到"1"(准备)位置。在 PLC 上将其中一台油泵控制开关转至"H"(手动)位置,该泵将作为主泵投入运行。

(4)观察油滤器压差变化,并在油泵启动15min 后,缓慢关闭供回油压差调节阀旁通阀,注意油滤器压差不要超过0.1MPa。

(5)当旁通阀全部关闭时,在 PLC 系统上检查供回油压差调节阀 PDI - 0253,读数应不小于1.69MPa。

(6)缓慢打开储油器入口阀充油。

(7)当系统油压稳定后,在 PLC 上将另一台泵准备开关转到"A"(自动)位置,该泵将作为备用泵。一旦供回油压差降到低压差设定值,该泵将自动启动。

5.1.3 导通工艺流程,给系统充压

(1)当膨胀机壳体压力升到1.2MPa 以上时,依次打开膨胀端出口截止阀和入口截止阀。

(2)打开增压机入口阀 HSV - 0107 的排液阀,排放后关闭。打开 HSV - 0107 旁通阀充压,充压后在 PLC 上打开 HSV - 0107,并在现场关闭其旁通阀,同时打开增压机出口截止阀。

(3)在 PLC 上将 FV - 0103 防喘调节器输出信号缓慢加大直至防喘阀全开。

5.1.4 启动主机

(1)启动前,检查 DCS 及 PLC 上应无任何报警,油箱温度至少应为32℃,原料气流量应调整到25 ~ 30t/h 之间,膨胀机入口压力约为2.5 ~ 2.8MPa。

(2)将 DCS 上膨胀机入口压力 PICA - 0202 输出设定在15% ~ 25%,以便快速启动膨胀机。

（3）在 PLC 上按下膨胀机的"RESET"（停车条件清除）按钮，PLC 上"READY"（准备）指示牌应转为绿色，这表明一切准备就绪，机组允许启动。

（4）在 PLC 上按下"START"（启动）按钮，机组即被启动。同时在 DCS 上按下 HS - 0205（复位）按钮，膨胀机旁通阀控制信号 PSV - 0202 将选择 HIC - 0204 信号（65%），这时对应的膨胀机转速为 29000 ~ 36000r/min。

5.2　首次或大修后机组启动操作步骤

这种启动基本上和正常启动操作步骤一样，只是所要求的启动前检查与准备工作要多于正常启动。这些检查与准备工作如下：

（1）检查机体气、水、油管线阀门、法兰等连接部位无任何松动，无任何泄漏。

（2）油路系统经过严格的油冲洗循环已清洁、干净。

（3）膨胀机和增压机及其系统经过充分置换和干燥，氧含量小于 1%。

（4）膨胀机和增压机入口滤网经检查合格。

（5）给蓄油器氮气袋充压至 1.9MPa。

（6）密封气投入后要认真对油箱润滑油取样分析，确保油品不受密封气污染。

（7）检查入口可调喷嘴动作是否灵活准确。

（8）检查联锁停机系统应灵敏可靠，检查并调校各压差调节阀。

（9）试验备用泵能否随低油压差自动准确地启动。

6　机组状态调整和正常运行

机组启动后，现场检查油压、油温、轴向推力差、振动是否正常，若一切正常，即可着手给膨胀机升速，进行状态调整。

（1）在 PLC 上手动开大喷嘴开度，缓慢给膨胀机升速，观察轴推力变化。

（2）在 DCS 上缓慢减少 HIC - 0204（膨胀机旁通流量控制）输出，逐渐关闭膨胀机旁通阀，膨胀机转速与入口压力将随之相应升高。

（3）在 PLC 上将增压机防喘阀在手动状态缓慢关闭，期间应注意观察 FV - 0103 防喘调节器上 PV 值应大于 SV 值，待两者接近时，防喘调节器 FV - 0103 投自动状态。

（4）观察膨胀机入口压力和转速变化，通过增加和减少 PICA - 0202（膨胀机入口压力控制）输出，可升高膨胀机转速（膨胀机入口压力相应被降低）和降低膨胀转速（膨胀机入口压力相应被提高）。

7　机组日常巡检

巡检线路和参数正常运行期间，操作工必须严格按以下内容进行日常巡检。

（1）膨胀机进口压力、出口压力。

（2）增压机进口压力、出口压力。

（3）膨胀机进口温度、出口温度；增压机进口温度、出口温度。

（4）润滑油供给压力、油箱压力、供回油压差。

（5）密封气供给压力、出口压力，密封气/参考气压差。

（6）增压机轮背压力和膨胀机轮背压力。

（7）油箱温度、供回油温度和轴承温度。

（8）密封气流量和密封气温度。

（9）油滤器压差。

（10）轴向推力差。

（11）转速和轴振动。

（12）气、水、油路是否出现跑、冒、滴、漏。

8　机组停机操作步骤

8.1　正常计划手动停机操作

根据生产计划安排或者为了处理故障，需计划手动停机，这种停机一般以"先降速减负荷，后按停机按钮"为原则。

（1）开大 1 - K1 防喘阀，降低上游燃气轮机转速，同时将防喘调节器 FV - 0103 投手动状态，缓慢开大直至全开，通过 HIC - 0204（膨胀机旁通流量控制）缓慢开大膨胀机旁通阀到 65% 左右，并适当降低 PICA - 0202（膨胀机入口压力控制）输出，观察膨胀机入口压力和转速降低情况。

（2）当膨胀机转速降至 32000r/min 左右时，在 PLC 上按下"STOP"（停机）按钮，机组将被停运。

（3）油泵视密封气（要有足够的压力流量和规定组分）和现场具体情况决定是否停运。若燃机已停，密封气已没有足够的保证，要及时停运油泵和切断密封气，以免润滑油大量进入壳体及因密封气组分过重（重烃含量较多）引起润滑油污染。

（4）如果需要长期停运膨胀机，在油泵停运和密封气切断后，关闭膨胀机进出口阀、增压机出口阀、增压机防喘阀、密封气出口压差调节阀截止阀和热油加热器热油入口阀。

（5）稍开膨胀机和增压机壳体排放阀排污，打开增压机出口安全阀旁通阀给系统和壳体泄压。

8.2　自动联锁停机操作

该机组设计了自动联锁停机报警和保护系统。运行中，若某一联锁参数超过了其停机设定值，将发生报警并联锁停运机组。机组停运后，要对联锁报警参数进行认真分析和检查，一定要待故障真正彻底排除后才允许重新启动机组。对于因燃机停机而引起的膨胀机联锁停机，要及时停运油泵和切断密封气。

8.3　手动紧急停机操作

（1）当操作工发现严重威胁机组安全运行的下列因素之一时，必须立即在中控室或现场手动紧急停机：①严重异常响声；②壳体或管线破裂；③天然气大量外泄；④火灾；⑤喘振；⑥PLC出现联锁停机警但不自动停机。

（2）紧急停机步骤：

①现场或中控室按下紧急停机按钮；

②停机后，针对实际情况迅速组织人员扑救，以防事故扩大和蔓延；

③做好事故记录。

9 2-TK1膨胀/增压机机组主要报警或联锁停机

2-TK1膨胀/增压机机组主要报警或联锁停机参数见表1-5。

表1-5 2-TK1膨胀/增压机机组主要报警或联锁停机参数一览表

名称	预报警	停机报警
供回油压差(低)/MPa	1.42	1.29
轴向推力差(高)/MPa	1.05	1.36
膨胀端轴承温度(低)/℃		20
轴承温度(高)/℃	80	93
轴回油温度(高)/℃	74	82
轴振动高报/μm	20	38
转速高报/(r/min)	49100	51600
密封气压差(低)/MPa	0.21	0.15
1-V$_3$液位(高)/mm	440	680
1-V$_4$液位(高)/mm	440	680
2-V$_1$液位(高)/mm	440	680

10 2-TK1膨胀/增压机机组常见故障及排除方法

2-TK1膨胀/增压机机组常见故障及排除方法见表1-6。

表1-6 2-TK1膨胀/增压机机组常见故障及排除方法一览表

故障	原因	处理方法
油温高	1. 油走旁通，没经油冷器冷却； 2. 油中含有凝液，黏度下降； 3. 轴向推力过大	1. 检查油温调节阀及其截止阀； 2. 检查油位是否增高，排放凝液； 3. 拆卸检查轴承
轴向推力指向膨胀侧轴承	1. 轴向推力平衡不起作用； 2. 膨胀机转叶轮背密封冲坏； 3. 膨胀机叶轮平衡孔堵塞	1. 检查并调整轴向推力平衡器； 2. 拆卸检查或更换轮背密封； 3. 用热气解除水化物
轴向推力指向增压侧轴承	增压机叶轮轮背密封冲坏	拆卸检查或更换轮背密封
回油温度过低	密封气压太低，低温工艺气返入轴承箱	提高密封气压力并检查回油温度升高情况

故障	原因	处理方法
提高密封气压力，回油温度降仍低于10℃	1. 密封气不再继续阻挡低温工艺气的侵入； 2. 阻热器出现破裂，也会出现上述情况	1. 一同更换； 2. 解决方法同上
喘振	70%设计转速（31500 r/min）以下的任何运行速度均发生喘振	保持增压机回流防喘阀在80%，设计转速（36000 r/min）前全开
增压机排气温度高	1. 增压机防喘阀未关闭造成热气回流，引起温度升高； 2. 增压机轮背密封冲坏	1. 关闭防喘阀； 2. 拆卸检查并更换轮背密封

11　2-TK1膨胀/增压机机组运行参数控制

表1-7参数必须控制在规定值内，超出规定值时必须记录造成的原因。

表1-7　2-TK1膨胀/增压机机组运行参数控制一览表

序号	参数名称	规定值
1	回油管线温度/℃	20~70
2	密封气温度/℃	10~50
3	油箱压力/MPa	1~2
4	油箱油温/℃	30~70
5	油泵出口压力/MPa	2~4
6	密封气出口压力/MPa	1.1~1.5
7	压缩轮参考压力/MPa	2.5~4.5
8	供油压力/MPa	1.5~4
9	供回油压差/MPa	1~3
10	密封气/参考气压差/MPa	1~2
11	密封气压差/MPa	0.2~1
12	密封气供给压力/MPa	1.5~2.5
13	供油温度/℃	25~60
14	油箱油位/%	50~75
15	油滤器压力/MPa	<0.08
16	膨胀侧推力/MPa	0.5~2
17	压缩侧推力/MPa	0.5~2
18	压缩侧振动/μm	<38
19	膨胀侧振动/μm	<38
20	压缩侧轴承温度/℃	<93
21	膨胀侧轴承温度/℃	<93

续表

序号	参数名称	控制范围
22	膨胀机转速/(r/min)	29000~48000
23	膨胀机入口压力/MPa	2.8~4.2
24	2-P1泵出口压力/MPa	2~4
25	1-V5A/B塔压/MPa	1~4.5
26	2-E1压差/MPa	<0.06
27	2-E3压差/MPa	<0.05

12 操作要点

2-TK1膨胀/增压机机组操作要点见表1-8。

表1-8 机组操作要点一览表

机组系统	操作要点
工艺系统	膨胀机运行时及时调节压缩机负载在设计范围内，禁止过载和甩负荷现象
	机组启动前要及时排净壳体凝液，严禁带液运行
防喘振系统	膨胀机启动前将防喘阀全开，机组启动后根据压缩机流量慢慢关闭防喘阀
	压缩机正常运行后，将防喘阀投自动，防止压缩机发生喘振
密封气系统	密封气投运时调节进气温度在正常范围之内
	密封气投运时应调节进气压力在设计范围内，并保证其压力大于润滑油压力和机组低温端轮背压力
	启车前，先投密封气，再投润滑油系统；停车则相反，不可颠倒
润滑油系统	启动前检查油箱油位，通过润滑油加热器和润滑油冷却器来保证润滑油温度在设计范围内
	润滑油系统投运后，通过自动调压阀和润滑油回油阀调节润滑油汇管压力，保证润滑油压力在设计范围内
	润滑油系统投运后，润滑油过滤器压差在设计范围。超出设计范围必须切换备用过滤器或更换滤芯
	润滑油泵主泵启动后将备用润滑油泵投自动
电气仪表控制系统	膨胀机启动前检查现场仪表运行正常，控制保护系统正常运行
	膨胀机启动前检查喷嘴开度在规定范围内，禁止开机前全开喷嘴对叶轮轮缘进行冲击
	膨胀机启动后应根据其负载和振动情况缓慢提升转速，在接近临界转速时应快速跨过

13 安全注意事项

(1)机组外表局部存在-70~-30℃低温，靠近机组时注意戴防护手套。

(2)机组区域地面光滑，注意防止摔伤。

14　事故预防与应急处置

本项目选取的典型事故案例是操作人员冻伤，其应急处置见表1-9。

表1-9　操作人员冻伤事故应急处置程序表

步骤	处置	负责人
现场发现	现场发现操作人员冻伤	操作人员
报告	向班长报告	操作人员
	汇报值班调度和值班领导	班长
应急程序启动	1. 值班领导下达应急程序启动命令； 2. 班长向值班领导报告应急程序启动	值班领导
应急处置措施	1. 一度冻伤，可让自己主动活动，并按摩受冻部位，促进血液循环，可用辣椒、艾蒿、茄秆煮水熏洗、热水（不能太烫）浸泡，再涂以冻疮膏即可； 2. 二度冻伤的水疱可在消毒后刺透，使黄水流出再包扎，伤口已破溃者按感染伤口处理； 3. 三度冻伤，应尽快脱离低温环境，保暖，促进肢体复温，不可用雪擦、火烤或温水浸泡，否则会加重冻伤； 4. 当全身冻伤者出现脉搏、呼吸变慢时，要保证呼吸道畅通，并进行人工呼吸和心脏按压，要渐渐使身体恢复温度，然后速去医院	班长
应急终止	1. 在查明冻伤发生原因并排除现场设备故障后可下达应急终止指令； 2. 向值班领导报告应急终止	值班领导

15　拓展知识阅读推荐

[1]计光华. 透平膨胀机[M].（第一版）. 北京：机械工业出版社，1982.

项目三　丙烷制冷压缩机操作

1　项目简介

实现机组安全平稳启动，并进入正常运行状态。

2　操作前准备

（1）工具准备：防爆F扳手小号和中号各1把、对讲机1双。

（2）劳保准备：防静电服1套（工衣、工裤）、防静电工鞋1双、安全帽1顶、手套1双。

3　基础数据

该机组由意大利新比隆公司生产，型号为2MCL457/1，工艺代号为3-K1，它是水平剖分壳体结构，三段压缩共有7级叶轮，叶轮公称直径为450mm，其中第三段为"补射段"，机组两段采用干气密封，由三相异步电动机通过增速齿轮箱驱动。

润滑油采用bp Turbinol X-EP 32。

主要性能参数见表 1 – 10。

表 1 – 10 丙烷制冷压缩机工艺参数一览表

3 – K1	入口压力（表）/MPa	出口压力（表）/MPa	入口温度/℃	出口温度/℃	额定轴功率/kW	额定转速/(r/min)	电机额定功率/kW	电机额定转速/(r/min)
一段	0.0628	0.224	−29.9	2				
二段	0.224	0.78	−8.3	40	1230	9560	1480	1492
三段	0.78	1.58	33.2	67				

4 启动前各系统检查及准备

4.1 供电系统

（1）现场油泵电源开关置"OFF"（断电）位置，空冷器二层平台上、下现场电源开关置"1"（通电）和"READY"（准备）位置。

（2）通知配电室给罐区所有用电设备供电。

4.2 现场仪表检测

打开现场所有压力表、压差表，压力、压差变送器，液位计，自力式调节阀，引压截止阀，仪表风截止阀，检查现场仪表盘前、后所有放空排污阀应关闭，检查现场显示正确。

4.3 冷却水系统

（1）检查冷却水泵已运行，且流量、压力应正常。

（2）选择一台油冷器，打开冷却水进、出口阀，打开放气阀及排污阀，排放后关闭放气阀和排污阀。

（3）在 PLC 上将油温调节器 TIC – 0356 置"AUTO"（自动）位置，设定值为 45℃。

4.4 氮气、密封气系统

（1）正常投用仪表风系统。

（2）打开氮气入口压力调节阀 PCV – 1416 前后截止阀，关闭其旁通阀。

（3）利用切换手柄选择一台氮气过滤器。

（4）导通密封气系统流程。

（5）利用切换手柄选择一台密封气过滤器。

4.5 润滑油系统

（1）检查油箱油位应在高、低正常油位之间。

（2）在 PLC 上启动油箱电加热器，油温控制在 40℃，启动油泵时最低油温应为 25℃。

（3）打开两台油泵的出口截止阀。

（4）打开油泵出口压差调节阀 PDCV – 0355 前后截止阀，稍开旁通阀。

（5）打开供油管油压调节阀 PCV-0363 前后截止阀，关闭旁通阀。

（6）关闭蓄油器入口阀。

（7）关闭高位油箱充油截止阀。

（8）利用油滤器切换手柄选择一台油滤器，打开其放气阀，关闭其排污阀。

4.6　相关的工艺系统

（1）检查 3-V4 丙烷液位应正常，液位约为 1450mm。

（2）打开制冷剂入口罐 3-V1、3-V2、3-V3 三个液位调节阀的前后截止阀，关闭其旁通阀。

（3）打开制冷剂循环罐 3-V6 和 3-V7 液位调节阀前后截止阀，关闭其旁通阀。

（4）检查所有分离器排污阀及安全阀旁通阀均应关闭。

4.7　中控室 PLC

（1）检查 3-K1 主、副润滑油泵电源开关置"OFF"（断电）位置。

（2）三个入口电动阀均应在"STOP"（停止）位置。

（3）三个防喘调节阀应置"MANUAL"（手动）位置且阀门全开。

（4）增压机终端冷却器 3-V1、3-V2、3-V3、3-V4、3-V6、3-V7、1-E2 和脱乙烷塔顶冷却器 4-E2 液位调节器均应在"MAN"（手动）状态，且输出为 0%（即调节阀全关）。

5　机组启动操作步骤

5.1　正常启动操作步骤

5.1.1　投用氮气密封系统

（1）投用膜分离制氮机，调节氮气压力、温度、流量在规定范围内，检查 PI1418、PI1419 压力表指示在 0.05~0.15MPa，且保证氮气中氧含量≤0.35%。

（2）注意氮气过滤器压差不超过 0.15MPa。

5.1.2　导通工艺流程，给系统及 3-K1 壳体充压，排放

（1）打开丙烷制冷剂缓冲罐出口流量调节阀 HSV-0304 的旁通阀，通过 DCS 改变 3-V1、3-V2、3-V3 三个液位调节器输出信号，缓慢给三个分离器充入丙烷。

（2）现场打开 3-K1 出口阀。中控室适当开启三个电动入口阀，缓慢给 3-K1 壳体及系统充压，待压力平衡后，关闭三个入口电动阀。

（3）分别打开 3-K1 壳体所有排污阀排污，排完后关闭所有排污阀。

5.1.3　启动润滑油系统

（1）现场主副润滑油泵电源开关转到"ON"（通电）位置。

（2）在 PLC 上将 3-K1-P1A 或 3-K1-P1B 设定为主油泵，另一台设置为辅助油泵。

（3）检查油箱温度至少应为 25℃，在 PLC 上将主油泵状态转到"START"（启动）位置，主油泵将投入运行。

（4）通过现场调整油泵出口压差调节阀的旁通阀，将油压控制在 1.2MPa。

（5）观察油冷器和油滤器放气阀放气情况，放完空气后关闭放气阀。

（6）检查油泵出口压力应为 1.2MPa 左右，润滑油汇管油压应为 0.25MPa 左右。

（7）检查各轴承供油压力和回油视镜油流应正常。

（8）当油压稳定后，缓慢打开蓄油器入口阀充油直至入口阀全开。

（9）打开高位油箱充油截止阀，待 PLC 上高位油箱油位达到 90% 时关闭充油截止阀。

（10）在 PLC 上将备用油泵控制按钮转到"AUTO"位置，备用油泵由低油压开关自动控制启、停。

5.1.4　投用干气密封系统

（1）投用丙烷密封气，调整密封气压力在 0.8～1.7MPa、温度在规定范围内，注意 PDT-1402（密封气进出口压差）控制在 0.3MPa 左右。若没有丙烷气，可临时使用燃料气。

（2）密封气过滤器压差不超过 0.15MPa。

5.1.5　启动丙烷压缩机 3-K1 主机

（1）每次启动前，首先要检查 3-K1 壳体压力，压力高于 0.6MPa 时，须给壳体泄压至 0.5MPa，然后再进行启动。

（2）启动前检查 PLC 启动画面上应无任何报警且"Permissive to start"信息（显示绿色）出现，电机启动前电压应为 6300～6800V。

（3）在 DCS 给允许启动信号后，现场打开 HSV-0304 阀（丙烷制冷剂缓冲罐出口流量调节阀），关闭其旁通阀。适当开启三个入口电动阀，开度一般为 20%～30%，接着迅速按下 3-K1 电机启动按钮"START"，机组将被启动。

（4）机组启动后，观察各段压力降低情况，调整各段入口电动阀开度，直到电动阀全开为止。将三个防喘阀置手动，根据各段压力和流量缓慢调整，关闭防喘阀过程中，注意一定不要过急，以免防喘阀保护打开或者出现意外喘振。当计算机上"Antisurge 1st STG（一级防喘图）""Antisurge 2nd STG（二级防喘图）""Antisurge 3sd STG（三级防喘图）"画面中的"SET POINT（设定值）"和"Process Variable（测量值）"的显示值接近相等时，将调节器由"M"（手动）转"AUTO"（自动）运行。

（5）在 DCS 上观察各段分离器液位并相应手动调节各液位调节器，使液位上升并稳定在正常设定液位，调节器由"M"转为"AUTO"运行。

（6）观察 3-K1 出口温度上升情况，当温度升到 40℃时，启动空冷器。

（7）机组启动后，检查现场有关压力、温度、流量、振动等参数。

5.2　首次或大修后机组启动操作步骤

和正常启动一样，只是启动前、后的检查比正常启动要多，这些主要检查或准备工作如下：

（1）检查各管线法兰、阀门等连接是否牢固可靠，不允许有任何松动或泄漏现象。

（2）对油系统进行严格冲洗循环，确保油系所有管线及过滤器清洁、干净。

（3）压缩机及其相应工艺系统必须严格经过 N_2 置换且氧含量小于 1%。

（4）各压力、温度、液位开关、调节器、调节阀设定值应经过严格调校并准确无误。

（5）联锁报警停机系统经试验应准确可靠。

（6）各调节阀、防喘阀经试验应灵活准确。

（7）备用油泵需做低油压报警自动启动试验，确保准确无误。

（8）蓄油器需检查 N_2 袋压力和工作压力是否正常。

6 丙烷供冷

待各相应工艺用户投入运行后，即可缓慢给增压机终端冷却器 1 – E2，甲烷塔解冻换热器 2 – E4，丙烷制冷系统不凝气冷凝器 3 – V6、3 – V7、3 – E1，4 – E2 充入适量的丙烷进行制冷，各用户在进行制冷量调节时应注意分离器液位、防喘流量和电机电流等相关工艺参数。

7 机组日常巡检内容

（1）油箱油位及油温、各轴承温度及振动情况。

（2）供油温度。

（3）各轴承供油压力及回油油流、温度及油的颜色应正常。

（4）密封气压力、温度、密封气过滤器压差。

（5）油泵出口油压。

（6）供油汇管油压。

（7）油滤器压差超过 0.15MPa 时及时切换。

（8）电机通风冷却筛网。

（9）气路、油路、水路管线、阀门、法兰等接头处跑、冒、滴、漏。

（10）检查系统工艺参数。

（11）高位油箱油位。

（12）进行壳体排放，检查内部积液。

（13）检查氮气发生器内的过滤器压差、氮气纯度、氮气供给压力均应正常；检查密封气盘上的氮气过滤器压差、氮气流量均应正常。

8 机组启动前系统超压、分离器液位超高操作步骤

8.1 丙烷放空气、气相回收操作

丙烷气相回收目的：罐区各分离器顶部放空管线出口加设一根丙烷气回收管线到界区原料气进站分离器 1 – V8 补干气管线处，在丙烷压缩机停机时系统压力会逐步上升，增大了压缩机的启机负荷，因此将这部分高压丙烷气放至原料气管网中回收，减少丙烷放空。

操作步骤：

（1）丙烷压缩机开机前，现场检查丙烷系统压力及分离器 3 – V1、3 – V2、3 – V3 顶部压力≥0.5MPa。

（2）在 1 – V8 界区处打开丙烷气进原料气补干气管线上阀门。

（3）分别缓慢打开 3 – V1、3 – V2、3 – V3 顶部丙烷放空回收气阀门一圈。

（4）中控室 DCS 操作人员观察原料气入口压力、温度、气质的变化，控制好甲烷塔参数，根据气量变化及时与现场操作人员联系。

（5）现场操作人员根据中控室 DCS 操作人员指令开大或关小放空气阀门。

（6）待丙烷系统压力低于 0.5MPa 时，现场与中控室联系，关闭放空回收气阀门及 1 – V8 处丙烷气阀门，系统泄压完毕。

8.2　丙烷放空液相回收屏蔽泵操作

加装屏蔽泵的目的：当罐区分离器高液位时，通过屏蔽泵加压从分离器底部将液态丙烷输送至 3 – V4，减少底部液相向火炬排放。

8.2.1　启泵前的准备工作

（1）检查泵相关流程有无跑、冒、滴、漏现象。

（2）检查分离口器到泵入口切断阀状态，应全开。

（3）全开泵入口阀，打开入口排气阀排气，排完气后关闭排气阀。

（4）打开泵逆循环阀，检查泵进、出口阀压力表根部阀，应处于全开位置，且压力指示正常。

（5）检查泵出口阀状态，应全关。

（6）检查泵烃排放阀状态，应全关。

（7）检查 3 – V4 压力及一、二、三段压力，3 – V4 压力高于一、二、三段压力，则打开气相平压阀进行平压，直至压力平衡后关闭平压阀。

8.2.2　正常启泵操作

（1）现场旋转操作柱开关至"ON"状态，按下启动按钮，泵平稳启动，且无异常响声。

（2）检查 TRG 表读数，应在绿色区域，且指示平稳。

（3）待泵出口压力平稳后，缓慢全开泵出口阀（泵出口压力要高于 3 – V4 的压力）。

8.2.3　正常停泵操作

当 DCS 上分离器液位降至 300mm 时：

（1）现场迅速关闭泵出口阀。

（2）现场按下"停运"按钮，将泵操作开关旋转至"OFF"位置，泵平稳停运。

（3）关闭泵入口阀及分离器底部烃液阀。

8.2.4 紧急停泵操作

当发生下列紧急情况之一时，必须进行手动紧急停泵：①严重异常响声；②现场严重泄漏；③TRG表指示在红区。

操作步骤：

(1)现场锁停或配电室直接断电。

(2)现场关闭泵进、出口阀及回流阀、逆循环阀。

(3)做好事故记录。

9 机组停机操作步骤

9.1 正常计划停机操作步骤

根据生产计划安排或者为了处理故障，需要人为计划停机，这种停机一般以"先减负荷，后停机"为原则。

(1)将工艺用户液位调节阀逐渐关闭直到丙烷全部蒸发为止。

(2)将各段防喘调节器由"AUTO"(自动)状态转为"MANUAL"(手动)状态，缓慢开大各段防喘阀直至全开。

(3)现场关闭各分离器液位调节阀、截止阀，尽量将各分离器液位降至最低值，在PLC上将电机电源开关转到"STOP"(停机)位置，机组停运。

(4)中控室关闭各段入口电动阀。

(5)中控室关闭HSV-0304阀(丙烷制冷剂缓冲罐出口流量调节阀)。

(6)空冷器视情况停运。

(7)油泵视情况停运，停机后油泵至少运行15min。

(8)停运油泵后，切断密封气，停运氮气发生器。

9.2 自动联锁停机操作

本机组设计有自动联锁停机报警系统。当运行中联锁参数出现异常达到报警设定停机值时，机组将自动联锁停机，这种停机属于带负荷紧急停机。停机后要针对联锁停机报警参数进行认真检查和分析，待故障彻底排除后，才允许重新启动机组。一旦机组联锁停机，应在DCS上迅速关闭各分离器液位调节阀并迅速奔赴现场关闭液位调节阀截止阀。

9.3 紧急手动停机操作

(1)当发生下列紧急情况之一时，必须进行手动紧急停机：①严重异常响声；②油水管线严重破裂；③火灾或爆炸；④机组喘振；⑤联锁停机报警但不自动停机。

(2)紧急停机操作步骤：①现场或中控室按下紧急停机按钮；②中控室关闭各段液位调节器；③现场关闭各段液位调节阀、截止阀以防液位超高；④停机后迅速组织人员进行扑救，以防事故扩大和蔓延；⑤做好事故记录。

9.4 非正常停机

当 3 - K1 机组由于闪、停电或自动联锁停运后，机组操作人员应立即按以下方法进行操作：

(1)迅速关闭分离器 3 - V1、3 - V2、3 - V3 液位调节阀及 HSV - 0304 阀。

(2)迅速关闭工艺用户 3 - V6、3 - V7、1 - E2、4 - E2 液位调节阀。

(3)维持 3 - K1 机组的三个入口电动阀处于全开位置，将 3 - K1 机组的三个防喘阀置"MANUAL"(手动)全开状态。

若无其他影响开机的条件存在，操作人员到配电室观察进线电压。若电压高于 6400V，可按操作启动机组；若进线电压低于 6400V，继续按以下方法对机组进行降负荷启动：

(1)关闭 3 - K1 机组的三个入口电动阀。

(2)打开 3 - K1 出口的放空阀，将壳体压力降至 0.5MPa 以下。

(3)按操作启动 3 - K1 机组。

(4)机组启动后，将各分离器液位及机组防喘阀进行手动调节，正常后将调节器由"MANUAL"(手动)转"AUTO"(自动)运行。

10 丙烷制冷压缩机组主要报警或联锁停机参数

丙烷制冷压缩机组主要报警或联锁停机参数见表 1 - 11。

表 1 - 11 丙烷制冷压缩机组主要报警或联锁停机参数一览表

序号	报警名称	预报警	停机报警	备注
1	润滑油汇管低油压/MPa	0.14	0.1	
2	压缩机轴位移高报警/mm	0.5	0.7	
3	齿轮箱轴位移高报警/mm	0.38	0.5	
4	压缩机高振动/MILS	3.3	5	
5	齿轮箱高速轴振动/MILS	1.65	2.56	
6	齿轮箱低速轴振动/MILS	2.95	3.94	
7	电机径向轴承高温/℃	80	90	
8	电机线圈高温/℃	110	120	
9	3 - V1 高液位/mm	775	1172	
10	3 - V2 高液位/mm	851	1420	
11	3 - V3 高液位/mm	1190	1780	
12	3 - K1 一段入口低压/MPa		0.02	
13	3 - K1 三段出口高温/℃	80	95	
14	密封气放空压力/MPa	0.12	0.15	
15	氮气压力调节阀后压力/MPa	0.06	0.04	

11　丙烷制冷压缩机组运行参数

丙烷制冷压缩机组运行参数必须控制在规定值内，在超出规定值时必须记录造成原因，规定值见表 1-12。

表 1-12　丙烷制冷压缩机组运行参数控制一览表

序号	参数名称	规定值	备注
1	泵出口汇管压力/MPa	0.8~1.6	
2	润滑油汇管压力/MPa	0.15~0.35	
3	压缩机前径向油压/MPa	0.1~0.2	
4	压缩机后径向油压/MPa	0.1~0.2	
5	压缩机止推油压/MPa	0.02~0.05	
6	油冷器出口温度/℃	<60	
7	油箱油位/%	50~75	
8	压缩机前回油温度/℃	20~65	
9	油箱油温/℃	25~70	
10	齿轮箱回油温度/℃	<80℃	
11	一段进口压力/MPa	0.03~0.2	
12	二段进口压力/MPa	0.1~0.3	
13	三段进口压力/MPa	0.3~0.9	
14	3-K1 出口压力/MPa	0.8~1.9	
15	3-K1 出口温度/℃	40~80	
16	密封气入口压力/MPa	0.8~1.70	
17	密封气入口温度/℃	0~80	
18	密封气过滤器压差/MPa	<0.15	
19	密封气平衡气压差/MPa	0.25~0.55	
20	密封气放空压力/MPa	0.01~0.1	
21	氮气入口温度/℃	0~70	
22	氮气含氧量/%（体）	≤0.35	
23	氮气过滤器压差/MPa	<0.15	
24	氮气压力调节阀后压力/MPa	0.05~0.15	
25	氮气进入机组压力/MPa	0.03~0.08	

12. 离心式压缩机操作要点

离心式压缩机操作要点见表 1-13。

表1-13　离心式压缩机操作要点一览表

机组系统	操作要点
工艺系统	压缩机运行时及时调节压缩机负载在设计范围内，禁止过载和甩负荷现象
	机组启动前要及时排净壳体凝液，严禁带液运行
防喘振系统	压缩机启动前将防喘阀全开，机组启动后根据压缩机流量慢慢关闭防喘阀
	压缩机正常运行后，将防喘阀投自动，防止压缩机发生喘振
密封气系统	密封气投运时，调节进气温度在正常范围之内
	密封气投运时，应调节进气压力在设计范围内，并保证其压力大于润滑油压力和机组低温端轮背压力
	启车前，先投密封气，再投润滑油系统；停车时则相反，不可颠倒
润滑油系统	启动前检查油箱油位，通过润滑油加热器和润滑油冷却器来保证润滑油温度在设计范围内
	润滑油系统投运后，通过自动调压阀和润滑油回油阀调节润滑油汇管压力，保证润滑油压力在设计范围内
	润滑油系统投运后，润滑油过滤器压差在设计范围。超出设计范围必须切换备用过滤器或更换滤芯
	润滑油泵主泵启动后将备用润滑油泵投自动
电气仪表控制系统	压缩机启动前检查现场仪表运行正常
	压缩机启动后应根据其负载和振动情况缓慢提升转速，在接近临界转速时应快速跨过
	压缩机的控制保护系统正常运行

13　安全注意事项

（1）机组运行时噪音较大，一般在80dB以上。靠近机组时须佩戴听力保护器，如耳塞、耳罩、耳栓、头盔等。

（2）机舱内机组元件繁多，靠近机组时注意防止发生碰伤、挤伤等机械伤害。

14　事故预防与应急处置

本项目选取的典型事故是离心式压缩机喘振，应急处置程序见表1-14。

表1-14　离心式压缩机喘振事故预防与应急处置程序一览表

步骤	处置	负责人
预防	按时巡回检查，关注压缩机进口气量的变化，保持压缩机进口气量稳定，并在正常范围	操作工
现场发现喘振	工作人员做到及时发现并判断喘振的发生，一般来说可以从以下方面判别：①根据出口管路气流的噪声判别。周期性的"呼哧呼哧"声一般出现在压缩机靠近喘振工况的情况下，一旦进入喘振工况，噪声就会大幅度增加，可明显分辨出来。②根据出口的压力和流量变化来判断。测量仪表出现大幅度和周期性的摆动，根据指针摆动情况来判断。③根据机体和轴承的振动情况来判别，此时二者的振幅明显增大，机体振感较强	中控室操作工

续表

步骤	处置	负责人
报告	向当班班长及值班调度汇报	操作工
	调度立即通知值班领导与技术人员	调度
应急处置措施	如发生轻微喘振，平稳操作，全开压缩机防喘阀，手动打开防喘阀的旁路阀。系统基本平稳后，调节各段参数，平稳提高各段进口气量	班长
	如喘振严重，立即实施紧急停机	维保人员
	喘振严重发生烃类气体泄漏，启动天然气泄漏事故应急预案	
应急终止	机组恢复正常运行后，向调度汇报应急终止	班长

15　拓展知识阅读推荐

[1]祁大同．离心式压缩机原理[M]．(第一版)．北京：机械工业出版社，2018.

[2]叶振邦．离心式制冷压缩机[M]．(第一版)．北京：机械工业出版社，1981.

项目四　低温泵操作

1　项目简介

低温泵是用来输送低温烃类液体的泵，本装置低温泵共有4台，为多级立式离心泵，工艺代号分别为2-P1A/B、4-P4A/B，分别用于输送C_2^+组分和液态乙烷。低温泵设计运行参数见表1-15。

表1-15　低温泵设计运行参数一览表

设备名称	操作参数					所配电机		
	入口压力/MPa	出口压力/MPa	体积流量/(m³/h)	扬程/m	转速/(r/min)	功率/kW	转速/(r/min)	电流/A
2-P1A/B	1.266	3.027	37	350	2960	37	2970	63
4-P4A/B	2.355	6.033	16	920	2960	38.5	2975	99

2　操作前准备

(1)穿戴好劳保用品：防静电服1套(工衣、工裤)、防静电工鞋1双、安全帽1顶、手套1双。

(2)准备工用具：防爆F扳手小号和中号各1把、对讲机1双。

(3)设备安全平稳启动，并进入正常运行状态。

3　操作步骤

3.1　启动前的准备和检查

(1)首次启动前应用干燥氮气通入泵内，并从排放阀排出，直到排出氮气的氧含量小于1%为止。

（2）详细检查管线和泵各连接处地脚螺栓有无松动现象，接地是否良好。

（3）检查密封罐内密封液应在1/2～2/3，并打开进出口阀门。

（4）检查油杯的油位应在1/2～2/3，油质合格。

（5）打开泵进出口压力表截止阀。

（6）以上检查完毕后，可以充压预冷。缓慢打开预冷阀，预冷时间一般为2～4h，直至冷透泵的各过流件和有关结构。期间打开排放阀，排气2～3min后再关闭。

（7）备用泵的预冷阀应常开，以备随时可以启动。

（8）检查泵进出口压力表，压力应平衡。

（9）按泵旋转方向对泵盘车3～5圈，看泵转动是否灵活，有无卡死或杂音。

（10）通知配电室送电。

（11）打开泵进出口阀及旁通阀，关闭预冷阀。

（12）打开放气阀，排气2～3min后关闭。

3.2　泵的启动

（1）把现场启动开关打到启动的位置，泵启动运转。

（2）观察泵的进出口压力、振动、声音和电流是否正常。

（3）检查机械密封，不得有泄漏。

（4）正常运行后挂上运行牌。

（5）每小时记录泵的主要参数。

3.3　正常停泵

（1）现场把停泵的按钮转到停泵的位置，即可停泵。

（2）做好停泵记录，向值班人员报告。

（3）当泵需要长时间停运时，应关闭进出口阀及旁通阀。

（4）当泵需要进行修理时，应关闭进出口阀及旁通阀，打开排放阀，排尽泵内液体，压力表指示无压力为止，并通知配电室断电。

（5）挂检修牌，做好记录。

3.4　紧急停泵

（1）运行中遇到下列情况紧急停泵：①泵振动过大；②有大量的输送液外漏；③泵发出不正常的声音；④泵入口容器液位超低；⑤出口压力超高而无输出（最小流量阀坏）。

（2）紧急停泵可在控制室或现场进行，并迅速开启备用泵。

（3）停泵后关闭泵的进出口阀和回流阀。

3.5　日常检查

（1）经常检查密封罐、油杯的油位情况。

(2)禁用入口阀来调节流量，避免产生气蚀。

(3)巡检注意机械密封是否泄漏。

(4)经常检查地脚螺栓是否松动，泵壳温度与入口温度是否一致，出口压力表的波动情况和泵的振动情况。

(5)检查泵轴承温度，不得偏高。

(6)注意泵运转时有无杂音，如发生异常情况应及时停泵。

(7)注意电机电流是否在正常范围工作，接地线是否良好。

(8)认真填写泵日常保养记录。

4　操作要点

(1)预冷流程：部分开泵入口阀，全开预冷阀，给泵体充分预冷，温度速度不应过快。

(2)泵启动后，通过两台泵共用的调压阀，调整泵出口压力到正常值。

5　安全注意事项

(1)高压低温介质刺漏，容易造成冻伤。

(2)启泵操作时，请勿触碰任何旋转件，以免造成伤害。

6　事故预防与应急处置

本项目选取的典型事故是低温泵机封轻微泄漏，其应急处置程序见表1-16。

表1-16　低温泵机封轻微泄漏事故预防与应急处置一览表

步骤	处置	负责人
事故发生	低温泵机封轻微泄漏	现场巡检人员
应急操作	1. 巡检人员发现泄漏，报话机汇报班长； 2. 班长下达停泵指令后，立即切换备用泵，切断故障泵流程，并泄压； 3. 在泄漏泵周围拉警戒带，上风向放置灭火器； 4. 班长通知本厂生产调度，协调应急人员进行处置； 5. 应急人员进入现场处置泄漏点	班长及班组成员
应急终止	处置完毕，恢复流程，经检查无泄漏，可为正常备用	副班长

7　拓展知识阅读推荐

[1]全国化工设备设计技术中心机泵技术委员会.工业泵选用手册[M].(第2版).北京：化学工业出版社，2011.

[2]JB/T 6435—2013.小型多级离心泵 技术条件[S].北京：机械工业出版社，2014.

模块二　主体装置工艺操作

工艺系统操作是天然气处理装置首次启机或检维修作业后初次启机对工艺系统的启动，它具有连贯性、完整性、全面性。以中原油田天然气处理厂天然气深冷装置为例。本模块操作的任务是实现主体装置的联合运行，内容较多，分13个部分来展开。

项目一　工厂启动前的准备工作

1　项目简介

对天然气深冷装置从安全、工艺、消防、设备、电器、仪表等方面进行全面检查。

2　操作前准备

(1)穿戴好劳保用品：防静电服1套(工衣、工裤)、防静电工鞋1双、安全帽1顶、手套1双。

(2)准备工用具：防爆F扳手小号和中号各1把、对讲机1双。

(3)确保装置启动前检查工作的全面性，为装置的安全启动做准备。

3　操作步骤

(1)整个工厂的管线、设备必须经过干燥，并用氮气置换，管线及设备中的氧含量低于1%，整个工厂进行过气密性试验，没有跑、冒、滴、漏现象。

(2)所有需要启动的设备都做好了启动前的检查和准备，并已对用电设备和电伴热系统送电。

(3)所有仪表及控保装置经检查处于正常待命状态。

(4)消防水罐水位充加到7.0m以上，消防水系统流程已导通。

4　操作要点

(1)整个工厂的管线、设备必须经过干燥，防止潮气及游离水存在，造成管线及设备内部腐蚀或产品水含量超标。

(2)用氮气置换，管线及设备中的氧含量必须低于1%，否则造成可燃气体与过量的氧混合发生火灾爆炸事故。

(3)用电设备及仪控设备的完好，是装置能否正常启机及运行的先决条件。

(4)开机前及装置运行中，应对含水管线的电伴热进行检查，确保正常投用，防止管线因低温发生冻堵。

(5)开机前，消防水系统应处于正常状态。以免初期火灾或泄漏因无消防水而使势态扩大。

5　安全注意事项

检查处于高处的设备或管线时，应做好防护，如佩戴安全带，以免发生高处坠落。

6　拓展知识阅读推荐

［1］GB 6095—2009 安全带［S］. 北京：中国标准出版社，2009.

［2］GB 50493—2009. 石油化工可燃气体和有毒气体检测报警设计规范［S］. 北京：中国计划出版社，2009.

［3］GB/T 13869—2017. 用电安全导则［S］. 北京：中国标准出版社，2017.

项目二　工厂辅助系统启动

1　项目简介

工厂辅助系统为装置主要机组和设备提供所需动力或能源，是装置正常运行的保障。

2　操作前准备

(1)穿戴好劳保用品：防静电服1套(工衣、工裤)、防静电工鞋1双、安全帽1顶、手套1双。

(2)准备工用具：防爆F扳手小号和中号各1把、对讲机1双。

(3)确保辅助系统及设备安全平稳启动，并进入正常运行状态。

3　操作步骤

3.1　火炬系统的启动

打开界区火炬补干气阀，利用地面爆燃点火装置或高空点火装置点燃火炬，为工厂的正常开车做好准备。

3.2　冷却水系统的启动

该系统启动操作按冷却水系统操作执行。

3.3　仪表风系统的启动

该系统启动操作按仪表风压缩机操作执行。

3.4　热油系统的启动

该系统启动操作按热油系统操作执行。

3.5　燃料气压缩机系统的启动

该系统启动操作按燃料气压缩机系统执行。

4　操作要点

(1)工厂正常运行期间，火炬气全部由气柜装置回收，应打开干气引往火炬阀门，并适当调整流量，以供火炬长明灯燃烧。

(2)冷却水泵运行期间，密切注意泵入口压力，入口压力降低或为零，其他工艺条件正常情况下说明入口过滤器脏堵，需切换泵清理。

（3）热油系统已填充好且足量，膨胀罐在系统循环后液位有可能下降，需不断地给膨胀罐填充热油，直到其液位稳定在 300mm 左右。

5　安全注意事项

（1）热油系统操作过程中佩戴防烫手套，以免发生烫伤。

（2）燃料气压缩机启机噪声较大请带上耳罩、耳塞等防护用品，以免发生听力损伤。

6　拓展知识阅读推荐

［1］吴卓娅．导热油系统的设计及使用［J］．中国石油和化工标准与质量，2018，（11）.

［2］中华人民共和国行业标准．HG/T 20570.12—1995 火炬系统设置［S］．北京：化学工业出版社，1995.

项目三　主工艺系统启动——原料气压缩凝液回收系统启动

1　项目简介

原料气压缩凝液回收系统是将原料气增压使其压力能满足 NGL（液化天然气）回收所需的条件，并回收压缩冷却过程中产生的凝液（重烃和水）。主要由燃气轮机/原料气压缩机组 1 - GT1/1 - K1、原料气入口分离器 1 - V1、增压机入口分离器 1 - V3、增压机出口分离器 1 - V4、三相分离器 1 - V7 油相和水相液位调节阀、稳定塔 1 - C1 等设备组成。

2　操作前准备

（1）穿戴好劳保用品：防静电服 1 套（工衣、工裤）、防静电工鞋 1 双、安全帽 1 顶、手套 1 双。

（2）准备工用具：防爆 F 扳手小号和中号各 1 把、对讲机 1 双。

（3）设备安全平稳启动，并进入正常运行状态。

3　操作步骤

3.1　燃气轮机/原料气压缩机组 1 - GT1/1 - K1

启动按项目一操作规程进行。

3.2　凝液回收系统启动

将原料气入口分离 1 - V1、增压机入口分离器 1 - V3、增压机出口分离器 1 - V4、三相分离器 1 - V7 油相和水相液位调节器 LIC -0103、LIC -0116、LIC -121、LIC -0112、LIC -0111 设定在正常液位，调节阀投自动。

3.3　稳定塔 1 - C1 的启动

（1）三相分离器 1 - V7 油相建立液位后，手动稍开油相液位调节器 LIC -0112，开度为 5% ~10%，给 1 - C1 进料。

（2）手动打开 1 - C1 灵敏板温度调节器 TIC - 0104 给塔预热，将塔底温度控制在 110 ~ 115℃，待塔底 LIA - 0125 低液位报警消除后，增大调节器 TIC - 0104 开度，加大热油量，当温度达到设定值时，调节器 TIC - 0104 投自动。

（3）将 1 - C1 顶压力调节器 PIC - 0104 的压力设定不小于 0.5MPa，同时还要高于原料气入口压力 0.05MPa 的位置投自动。

（4）稍开塔顶手动放空阀，将蒸发的气体送往火炬。

（5）待 1 - C1 底部温度稳定，塔底重烃化验合格方可出料输送至戊烷油产品中间罐 6 - T3。

4 操作要点

（1）稳定塔塔顶压力设定应高于原料气入口压力 0.05 ~ 0.1MPa，否则稳定塔顶气相无法进入原料气入口分离器中。

（2）稳定塔温度稳定在 110 ~ 115℃，应对塔底重烃进行取样，保证进入戊烷油产品中间罐的重烃含轻组分在规定范围。

（3）原料气气质较贫时，1 - C1 塔底液位无法正常建立，通过观察其塔顶压力相应监视和调整塔进料阀，维持 1 - C1 的正常压力。同时，塔底温度调节阀手动调节，确保塔顶温度大于 10℃。

5 安全注意事项

在对稳定塔底流程进行切换操作时，应佩戴防烫手套，以免发生烫伤。

6 突发事故应急处理

本项目选取的典型事故是稳定塔超压，其应急处置程序见表 1 - 17。

表 1 - 17 稳定塔超压预防与应急处置

步骤	处置	负责人
事故发生	稳定塔 1 - C1 超压	DCS 操作人员
应急操作	1. 1 - C1 塔顶压力高报警； 2. DCS 操作人员立即检查并关闭 1 - V7 烃相（LIC - 0112）调节阀； 3. 与气柜联系，现场打开顶部放空阀排放，气柜操作人员密切关注放空压力； 4. 现场检查压力调节阀（PICA - 0104），如果为此调节阀故障，通知仪表工处理； 5. 检查若为压力调节阀（PICA - 0104）前单向阀冻堵，采取措施解冻	班长及班组成员
应急终止	处置完毕后，下达应急终止指令	班长

注意：塔压下降后及时关闭。

7 拓展知识阅读推荐

[1]SY/T 0077—2019. 天然气凝液回收设计规范[S]. 北京：石油工业出版社，2019.

[2]SY/T 5719—2017. 天然气凝液安全规范[S]. 北京：石油工业出版社，2017.

[3]GB 17820—2018. 天然气[S]. 北京：中国标准出版社，2018.

[4]GB 9053—2013. 稳定轻烃[S]. 北京：中国标准出版社，2013.

[5]HG/T 20570.8—1995. 气–液分离器设计[S]. 北京：化学工业出版社，1995.

项目四　主工艺系统启动——原料气脱水系统启动

1　项目简介

天然气深冷装置脱水的作用主要是将压缩后的天然气通过分子筛吸附其中的水，达到进入低温系统所需的露点。

该系统主要由干燥塔1–V5A/B和粉尘过滤器1–FT1A/B组成。其中1–V5A/B为4A型分子筛填料塔层结构的干燥器，为两塔流程，一塔吸附，一塔再生。采用8h吸附周期，由时间程序控制完成自动切换，整个程序为：吸附8h，泄压20min，加热4h20min，冷吹2h40min，充压20min，并流10min，阀门切换共10min。

2　操作前准备

(1)穿戴好劳保用品：防静电服1套(工衣、工裤)、防静电工鞋1双、安全帽1顶、手套1双。

(2)准备工用具：防爆F扳手小号和中号各1把、对讲机1双。

(3)设备安全平稳启动，并进入正常运行状态。

3　操作步骤

3.1　准备工作

(1)干燥塔程序控制已准备就绪，热油系统循环正常，温度达到设定值270℃，为再生创造条件。

(2)打开界区再生气出口阀，把再生气压力控制器PIC–0125设定在1.0MPa，投自动。再生气出口温度控制器TIC–0130设定在50℃，投自动。再生气分离器1–V6液位控制器LIC–0123设定在正常液位，投自动。

3.2　启动操作

选择"A"塔(在停机前已再生好的塔)作为吸附塔，"B"塔作为再生塔。

3.2.1　"A"塔的操作

(1)干燥塔程序控制处于手动状态，将程序步骤进到第6步。"A"塔程序阀KV–0108、KV–0117应打开；"B"塔程序阀KV–0113、KV–0116、KV–0126应打开。

(2)缓慢打开跨线旁通阀给"A"塔充压，当"A"塔的压力和原料气压缩机二段出口压力PICA–0113平衡时，全开跨线阀，关闭旁通阀。

(3)打开干燥塔出口粉尘过滤器1–FT1A/B进、出口阀。

3.2.2　"B"塔的操作

(1)打开管线 01052 上原料气作再生气的阀门,再生气通过管线 01052→1 - E3→1 -
V5B→1 - EA4→1 - V6→界区。打开再生气加热器 1 - E3 热油进、出口阀,缓慢手动打开
1 - E3 热油调节器 TIC - 0128,控制热油量,以 10℃/min 的速度给再生气加热,当温度升
到 220℃时,将调节器 TIC - 0128 投自动。

(2)当出口温度(TI - 0125)为 175℃时,应对"B"塔进行冷吹,时间程序进到第 7 步,
干燥塔程序转到自动状态,由时间程序自动控制。

(3)当程序进行到第 17 步,且露点温度低于 - 60℃时,可以进行 NGL 回收系统的启动。

4　操作要点

(1)倒通再生气流程时,应注意打开再生气出口手动闸阀,防止憋压。

(2)干燥塔程序控制手动状态下,程序步骤必须与开关阀位相对应。例如:程序在第
6 步时,"A"塔上的 KV - 0108、KV - 0117 程序阀应打开;"B"塔上的 KV - 0113、KV -
0116、KV - 0126 程序阀应打开。

(3)给"A"塔充压时,应打开跨线旁通阀给其缓慢充压,防止低压大流量冲击分子筛,
使其粉化。

(4)露点温度应低于 - 60℃,否则天然气进入低温系统,造成冷箱及管线冻堵。

5　安全注意事项

(1)程序处于再生加热时,现场操作应佩戴防烫手套,以免碰触加热管线发生烫伤。

(2)现场开关阀门应按要求操作,防止高压气流冲击造成人身伤害。

6　突发事故应急处理

本项目选取的典型事故是粉尘过滤器端盖轻微泄漏事故,其应急处置程序见表 1 - 18。

表 1 - 18　粉尘过滤器端盖轻微泄漏事故预防与应急处置

步骤	处置	负责人
事故发生	粉尘过滤器 1 - FT1A/B 端盖发生轻微泄漏	现场巡检人员
应急操作	1. 巡检人员发现泄漏,用报话机汇报班长; 2. 班长组织人员切换备用过滤器,切断事故过滤器的进、出口截止阀并泄压; 3. 在泄漏过滤器附近拉设警戒带,上风向放置灭火器; 4. 班长通知本厂生产调度,协调应急人员进行处置; 5. 应急人员进入现场处置泄漏点	班长及班组成员
应急终止	处置完毕,恢复流程,经检查无泄漏,可为正常备用	副班长

7　拓展知识阅读推荐

[1]王遇冬.天然气处理原理与工艺[M].北京:中国石化出版社,2007.

[2]SY/T 0076—2008.天然气脱水设计规范[S].北京:石油工业出版社,2008.

[3]HG/T 2524—2010.4A 分子筛[S]. 北京：化学工业出版社，2010.

[4]GB/T 22634—2008. 天然气水含量与水露点之间的换算[S]. 北京：中国计划出版社，2008.

项目五　主工艺系统启动——NGL 回收系统启动

1　项目简介

NGL 回收是从原料气中回收 C_{2^+} 并保证乙烷收率。该系统主要由膨胀/增压机 2 - TK1、一级冷箱 2 - E1、二级冷箱 2 - E2、脱甲烷塔底重沸器 2 - E3、低温分离器 2 - V1、脱甲烷塔 2 - C1、NGL 泵 2 - P1A/B 及管线阀门组成。

2　操作前准备

(1)穿戴好劳保用品：防静电服 1 套(工衣、工裤)、防静电工鞋 1 双、安全帽 1 顶、手套 1 双。

(2)准备工用具：防爆 F 扳手小号和中号各 1 把、对讲机 1 双。

(3)设备安全平稳启动，并进入正常运行状态。

3　操作步骤

3.1　NGL 回收系统的充压

经过干燥循环后两个干燥塔均再生好，可向 NGL 回收系统充压。

3.1.1　原料气管线的充压

(1)工艺流向：高温切断阀 TSV - 0120 旁通阀→2 - E1→2 - E2→2 - V1→2 - E2→2 - TK1 的进口阀→膨胀机旁通阀 PV - 0202B。

(2)增压机入口阀 HSV - 0107、膨胀机入口阀 HSV - 0201、膨胀机旁通阀 PV - 0202、干气外输阀 HSV - 0207、2 - V1 的液位调节器 LICA - 0202 应关闭。

(3)打开 2 - C1 上侧沸器和塔底重沸器管线上的蝶阀。将干气外输调节器 PICA - 0201 设在 1.12MPa 投自动。将 TICA - 0220 全开并投自动。

(4)缓慢打开 TSV - 0120 旁通阀，向原料气管线充压，待上游压力(PI - 0131)与下游压力(PI - 0121)平衡后，打开 TSV - 0120，关闭其旁通。

3.1.2　干气管线的充压

(1)工艺流向：PV - 0202B→2 - C1→2 - E2→2 - E1→干气管线→PICA - 0201。缓慢打开 PICA - 0202 向干气管线充压，当压力达到 1.12MPa 时，PICA - 0201 将自动打开，干气管线充压完毕，即可进行 NGL 回收系统的冷却。

(2)通过提高 1 - GT1/1 - K1 转速，以及缓慢关小 1 - K1 防喘阀，将原料气流量提高到 25～30t/h；1 - K1 二段出口压力提高到 2.5～3.0MPa。

（3）2 - TK1 已做好启动准备，密封气、润滑油、冷却水运行正常，各机组参数正常。

3.2　NGL 回收系统的冷却

（1）按操作规程启动丙烷压缩机 3 - K1。

（2）根据 1 - EA3 空冷后 TI - 0117 温度，决定是否投用原料气预冷器 1 - E2。

（3）向 3 - V6、3 - V7 充加丙烷，并控制 3 - V7 的蒸发压力和 3 - V6 的液位，并以 6℃/h 的速度缓慢给 2 - C1 预冷，当 2 - C1 塔顶温度 TI - 0209 降到 -45℃时允许启动膨胀机。

（4）缓慢打开旁通阀 PICA - 0202，与此同时提高原料气压缩机转速保持压缩机排气压力在 2.0 ~ 2.5MPa，流量不超过 25t/h。

（5）稍开 LICA - 0202，按操作规程启动膨胀机 2 - TK1。

（6）通过控制膨胀机入口喷嘴 HIC - 0202 和 PICA - 0202 来调整膨胀机的入口压力和转速。

（7）观察 2 - C1 的塔底液位（第一次收集到的液体应排掉）在无低液位报警的情况下，可以启动 2 - P1A/B。

4　操作要点

（1）NGL 系统充压时，应先对原料气管线充压，再对干气管线充压。

（2）NGL 系统充压完毕后，才能进行系统冷却。

（3）2 - C1 预冷速度不应过快，按 6℃/h 要求进行预冷。

（4）2 - C1 塔顶温度未达到 -45℃时，不允许启动膨胀机。

（5）2 - P1A/B 出口压力保持在 >3.0MPa；压力低时，无法保证乙烷塔正常进料。

5　安全注意事项

现场排放低温烃类气体时，应做好防护，以免造成冻伤。

6　突发事故应急处理

脱甲烷塔底部玻璃板液位计泄漏事故预防与应急处置见表 1 - 19。

表 1 - 19　脱甲烷塔底部玻璃板液位计泄漏事故预防与应急处置

步骤	处置	负责人
事故发生	脱甲烷塔底部玻璃板液位计泄漏	现场巡检人员
应急操作	1. 巡检人员发现泄漏，用报话机汇报班长； 2. 班长立即组织，派两名人员二级防护，关闭泄漏玻璃板液位计的上、下游截止阀并泄压； 3. 在泄漏点周围拉设警戒带，上风向放置灭火器； 4. 班级人员启动消防泵，用消防水对泄漏周围设备进行喷淋并稀释； 5. 班长通知本厂生产调度，协调应急人员进行处置； 6. 应急人员进入现场处置	班长及班组成员
应急终止	处置完毕，恢复流程，经检查无泄漏，可为正常备用	副班长

7 拓展知识阅读推荐

[1]王遇冬. 天然气处理原理与工艺[M]. 北京：中国石化出版社，2007.

[2]孙万付. 危险化学品安全技术全书[M].（通用卷 第 3 版）（精）. 北京：化学工业出版社，2017.

[3]SH/T 3144—2004. 石油化工离心压缩机[S]. 北京：石油工业出版社，2004.

[4]JB/T 6894—2000. 增压透平膨胀机技术条件[S]. 北京：机械工业出版社，2000.

[5]JB/T 1051—2006. 多级离心泵形式与基本参数[S]. 北京：机械工业出版社，2006.

[6]NB/T 47006—2019. 铝制板翅式热交换器[S]. 北京：新华出版社，2019.

项目六　主工艺系统启动——NGL 分馏系统启动

1 项目简介

对 NGL 进行分馏，生产出合格的产品。该系统主要由脱乙烷塔 4 – C1、脱丙烷塔 4 – C2、脱丁烷塔 4 – C3、乙烷回流泵 4 – P1A/B、丙烷回流泵 4 – P2A/B、丁烷回流泵 4 – P3A/B、乙烷回流罐 4 – V1、丙烷回流罐 4 – V2、丁烷回流罐 4 – V3、乙烷塔顶冷凝器 4 – E2、丙烷塔顶空冷器 4 – EA1A/B、丁烷塔顶空冷器 4 – EA2A/B、戊烷油空冷器 4 – EA3、脱乙烷塔底重沸器 4 – E1、脱丙烷塔底重沸器 4 – E3、脱丁烷塔底重沸器 4 – E4 组成。

2 操作前准备

（1）穿戴好劳保用品：防静电服 1 套（工衣、工裤）、防静电工鞋 1 双、安全帽 1 顶、手套 1 双。

（2）准备工用具：防爆 F 扳手小号和中号各 1 把、对讲机 1 双。

（3）设备安全平稳启动，并进入正常运行状态。

3 操作步骤

3.1　脱乙烷塔的启动

3.1.1　准备工作

（1）已通过管线 04013 上旁通阀缓慢给乙烷塔充压至 1.12MPa。

（2）4 – E1 已投用，塔 4 – C1 已被预热。

（3）2 – C1 塔底液位调节器在自动状态，并有输出。

（4）2 – P1A/B 已运行，4 – P1A/B 已做好启动准备。

3.1.2　启动操作

（1）将塔压控制器 PICA – 0418 的压力设定在 2.45MPa 并投自动。

（2）随着 4 – C1 塔底液位的升高，通过手动控制 TICA – 0406（底温调节阀）来慢慢增加热油流量，以 10℃/min 的速度给塔加热，同时注意观察 TI - 0404 和 PDIA - 0417。

（3）通过 LICA - 0407 给 4 - E2 充加丙烷至正常液位，并投自动。观察 4 - V1 液位，在低液位开关 LSL - 0405 报警消除时，启动 4 - P1A/B，经管线 04011 进行循环，此时回流流量调节器 FIC - 0403 应关闭。

（4）打开 FICA - 0403 上下游闸阀，缓慢开启 FICA - 0403，调节回流量至设定值投自动。

（5）观察 4 - C1 底部液位达到正常时，调节器 LICA - 0402 投自动；调整塔底温度到 78℃时，调节器 TICA - 0406 投自动。

3.1.3 生产液态乙烷的操作

（1）4 - C1 已稳定运行，4 - V1 已建立起液位，液位在 380mm 以上。

（2）4 - P4A/B 流程已导通，将开关 HS - 0405 选择到"单级"位置，打开 4 - V1 液位调节阀上下游闸阀，将调节器 LICA - 0404 投自动，并启动 4 - P4A/B。

3.1.4 脱乙烷塔正常操作

（1）PICA - 0418 控制着脱乙烷塔的压力，操作中 PIC - 0418 应控制在(2.4 ± 0.2)MPa。

（2）TICA - 0406 控制着脱乙烷塔的塔底温度，也控制着塔底液体的蒸发量，操作中应将 TIC - 0406 控制在(78 ± 5)℃，保证塔底温度在(100 ± 7)℃。

（3）LIC - 0402 控制着塔的液位，也控制着重沸器的液位，若塔的液位太高，重沸器将不能产生足量的蒸汽；若塔的液位太低，将产生过热蒸汽，在操作中 LIC - 0402 应控制在 380mm 左右。

（4）FIC - 0403 控制着回流，增加回流会提高产品纯度，但需要重沸器提供更多的热量来补偿，FIC - 0403 在操作中应控制在(7.0 ± 2)t/h。

3.2 脱丙烷塔的启动

3.2.1 准备工作

（1）通过稍开 4 - C1 底部液位调节阀，缓慢给脱丙烷塔充压。

（2）塔底重沸器 4 - E3 已投用；4 - P2A/B 已做好启动准备。

3.2.2 启动操作

（1）启动空冷器 4 - EA1，将塔压控制器 PICA - 0422 的压力设定为 1.45MPa 并投自动。

（2）随着 4 - C2 塔底液位的升高，通过手动控制 TICA - 0410 来缓慢增加热油流量，以 10℃/min 的速度给塔加热，同时注意观察 TI - 0423 和 PDIA - 0421。

（3）观察 4 - V2 液位，在低液位开关 LSL - 0412 报警消除时，启动 4 - P2A/B，此时回流流量调节器 FICA - 0404 关闭。

（4）打开 FICA - 0404 上下游闸阀，缓慢开启回流控制器 FIC - 0404，调节回流量至设定值投自动。

（5）观察 4 - C2 底部液位达到正常时，调节器 LICA - 0411 投自动；调整塔底温度到 95℃时，调节器 TICA - 0410 并投自动。

3.2.3 脱丙烷塔正常操作

（1）PICA - 0422 控制着脱丙烷塔的压力，操作中 PICA - 0422 应控制在（1.45 ± 0.1）MPa。

（2）TICA - 0410 控制着脱丙烷塔的塔底温度，也控制着塔底液体的蒸发量，在操作中应将 TIC - 0410 控制在（95 ±5）℃，保证塔底温度在（115 ±5）℃。

（3）LICA - 0409 控制着塔的液位，也控制着重沸器的液位，若塔的液位太高，重沸器将不能产生足量的蒸汽；若塔的液位太低，将产生过热蒸汽，在操作中 LICA - 0409 应控制在 380mm 左右。

（4）FIC - 0404 控制着回流，增加回流会提高产品纯度，但需要重沸器提供更多的热量来补偿，FIC - 0404 在操作中应控制在（7.0 ±2）t/h。

3.3 脱丁烷塔的启动

3.3.1 准备工作

塔底重沸器 4 - E4 已投用，C4 及其以上烃液通过 LICA - 0409 送到丁烷塔，4 - P3A/B 已做好启动准备。

3.3.2 启动操作

（1）启动空冷器 4 - EA2、4 - EA3，将塔压控制器 PICA - 0435 的压力设定为 0.45MPa 并投自动。

（2）随着 4 - C3 塔底液位的升高，通过手动控制 TICA - 0415 来缓慢增加热油流量，以 10℃/min 的速度给塔加热，同时注意观察 TI - 0414 和 PDIA - 0433。

（3）观察 4 - C3 液位，在低液位开关允许时，启动 4 - P3A/B 进行循环，此时回流流量调节器 FICA - 0407 输出应为"0%"。

（4）打开 FICA - 0407 上下游闸阀，缓慢开启回流控制阀 FICA - 0407，调节回流量至设定值投自动。

（5）观察 4 - C1 底部液位正常液位时，LICA - 0402 投自动；调整塔底温度到 94℃时，TICA - 0406 投自动。

3.3.3 脱丁烷塔正常操作

（1）PIC - 0435 控制着脱丁烷的压力，操作中 PIC - 0435 应控制在（0.45 ±0.1）MPa。

（2）TICA - 0415 控制着脱丁烷塔的塔底温度，也控制着塔底液体的蒸量，在操作中应将 TIC - 0415 控制在（94 ±5）℃，保证塔底温度在（108 ±7）℃。

（3）LIC - 0414 控制着塔的液位，也控制着重沸器的液位，若塔的液位太高，重沸器不能产生足量的蒸汽；若塔的液位太低，将产生过热蒸汽，在操作中 LIC - 0414 应控制在 380mm 左右。

（4）FIC - 0407 控制着回流，增加回流会提高产品纯度，但需要重沸器提供更多的热量来补偿，FIC - 0407 在操作中应控制在(7.0 ±2)t/h。

3.4　分馏系统正常运行中的巡检

（1）各分馏塔的压力、液位、塔底塔顶温度以及塔的压差。

（2）各分馏塔的回流量及回流罐的液位。

（3）各回流泵的运转是否正常。

（4）各产品质量在线分析结果是否正常。

3.5　分馏系统故障分析及措施

分馏系统故障分析及措施见表 1 - 20。

表 1 - 20　分馏塔故障分析及措施

故障特征	问题原因	处置措施
塔顶产品纯度好，塔底产品纯度差	供热量不足	增加塔底供热量
塔顶产品纯度差，塔底产品纯度好	回流量不足	增加塔顶回流量
塔顶产品纯度差，塔底产品纯度也差	循环量不足	增加塔顶、塔底回流

4　操作要点

（1）打开脱乙烷塔顶不凝气排放干气的旁通阀给塔充压。

（2）检查 HS - 0405 开关应选择到"单级"位置，即由 4 - V1 液位调节阀单独进行调节外输。

（3）只有在 4 - V2（脱乙烷塔回流罐）低液位开关 LSL - 0412 即报警消除时，4 - P2A/B 才允许启动。

（4）脱乙烷塔顶压力高高三选二会联锁停热油泵。

（5）液态乙烷外输前，应对乙烷外输流程及乙烷流量计进行充压，直到压力平衡后，才能启动乙烷外输泵 4 - P4A/B 进行外输。

5　安全注意事项

（1）热油系统循环正常后，其用户及相连管线温度高，现场操作不当容易造成烫伤。

（2）现场操作应按要求佩戴安全帽，以免造成人身伤害。

（3）启泵操作时，请勿触碰任何旋转件，以免造成伤害。

6　突发事故应急处理

本项目选取的事故案例是分馏塔塔顶压力超高事故，其应急处置程序见表 1 - 21、表 1 - 22。

表1-21　分馏塔塔顶压力超高事故预防与应急处置

步骤	处置	负责人
事故发生	分馏塔塔顶压力超高	DCS操作人员
应急操作	1. 分馏塔塔顶压力高报警； 2. DCS操作人员检查冷凝器运行情况，并派人员到现场检查其是否正常运行； 3. 检查工艺流程是否畅通； 4. 冬季打开塔顶低点排放阀4-C2(04089)、4-C3(04090)； 5. 减少塔底加热器的开度，适当降低分馏塔底温度，降低塔负荷(根据再线分析仪调整)； 6. 同时打开冷凝器前或后放空阀4-C1(04013)、4-C2(04038、04039)、4-C3(04061、04062)	班长及班组成员
应急终止	处置完毕，恢复流程，经检查无泄漏，可为正常备用	副班长

表1-22　回流调节阀盘根轻微泄漏事故预防与应急处置

步骤	处置	负责人
事故发生	回流调节阀盘根轻微泄漏	现场巡检人员
应急操作	1. 巡检人员发现泄漏，用报话机汇报班长； 2. 班长立即下达稍开旁通，关闭泄漏调节阀前后截止阀，并通过旁通手动调节回流量到正常范围； 3. 在泄漏泵周围拉设警戒带，上风向放置灭火器； 4. 班长通知本厂生产调度，协调应急人员进行处置； 5. 应急人员进入现场处置泄漏点	班长及班组成员
应急终止	处置完毕，恢复流程，经检查无泄漏，可为正常备用	副班长

7　拓展知识阅读推荐

[1]王遇冬. 天然气处理原理与工艺[M]. 北京：中国石化出版社，2007.

[2]JB/T 1205—2001. 塔盘技术条件[S]. 北京：机械工业出版社，2001.

[3]JB/T 4714—1992. 浮头式换热器和冷凝器形式与基本参数[S]. 北京：机械工业出版社，1992.

[4]JB/T 4717—1992. U形管式换热器形式与基本参数[S]. 北京：机械工业出版社，1992.

[5]GB/T 22026—2008. 气雾剂级丙烷[S]. 北京：中国计划出版社，2008.

[6]GB/T 22024—2008. 气雾剂级正丁烷[S]. 北京：中国计划出版社，2008.

[7]GB/T 22025—2008. 气雾剂级异丁烷[S]. 北京：中国计划出版社，2008.

项目七　主工艺系统启动——产品外输计量系统的启动

1　项目简介

将分馏系统生产的产品进行储存，并将中间产品通过外输泵输送至罐区，保证装置连续生产。该系统主要由丙烷储罐 6 – T1、丁烷储罐 6 – T2、戊烷油储罐 6 – T3、丙烷和丁烷外输泵 6 – PA/B/C、外输计量管线组成。

2　操作前准备

(1)穿戴好劳保用品：防静电服 1 套(工衣、工裤)、防静电工鞋 1 双、安全帽 1 顶、手套 1 双。

(2)准备工用具：防爆 F 扳手小号和中号各 1 把、对讲机 1 双。

(3)设备安全平稳启动，并进入正常运行状态。

3　操作步骤

3.1　准备工作

(1)4 – C1、4 – C2、4 – C3 运行后，产品储罐 6 – T1、6 – T2、6 – T3 已接收各自的产品。

(2)各外输管线上流量计的进出口阀应关闭，打开界区的阀门和流量计的旁通阀。

(3)在各产品罐无低液位报警的情况下，打开 HV – 0607、HV – 0608、HV – 0609。

(4)启动丙烷、丁烷、戊烷油外输泵 6 – P1A/B/C、6 – P2A/B 进行大循环。

3.2　计量系统启动操作

3.2.1　丙烷计量

(1)将进口阀前压力控制器 PICA – 0620 设定为 1.6MPa 投自动。

(2)缓慢打开 FICA – 0602(丙烷流量调节阀)冷却外输管线，直到丙烷外输管线(TR – 0605)温度稳定为止。

(3)打开脱气罐顶部 6 – T1 的放气阀，缓慢打开进口阀，丙烷液进入脱气罐，当上部蒸气排净后，打开过滤器和脱气罐底部排放阀，排放固体杂质后关闭此阀。

(4)缓慢关闭流量计旁通阀并设置盲板。

3.2.2　丁烷计量

(1)将进口阀前压力控制器 PICA – 0623 设定为 1.0MPa 投自动。

(2)缓慢打开 FICA – 0603(丁烷流量调节阀)冷却外输管线，直到丁烷外输管线(TR – 0606)温度稳定为止。

(3)打开脱气罐顶部去 6 – T2 的放气阀，缓慢打开进口阀，丁烷液进入脱气罐，当上部蒸气排净后，打开过滤器和脱气底部罐排放阀，排放固体杂质后关闭此阀，缓慢关闭流量计旁通阀并设置盲板。

3.2.3　戊烷油计量

(1)缓慢打开 FICA – 0601 冷却外输管线，直到温度(TR – 0604)稳定为止。

(2)打开脱气罐顶部去 6 – T3 的放气阀，缓慢打开进口阀，戊烷油进入脱气罐，当顶部油蒸气排放到火炬，打开过滤器和脱气罐底部排放阀，排放固体杂质后关闭此阀。

(3)缓慢关闭流量计旁通阀并设置盲板。

3.3 产品外输计量的正常操作及故障分析

3.3.1 丙烷产品(丙烷储罐)

(1)6 - T1(丙烷过程产品罐)的液位是浮动的，它的进口受 LICA - 0411 控制，出口受 FICA - 0602 控制，在高低液位报警的情况下，要对产品流量控制器 FICA - 0602 进行流量调整。

(2)PICA - 0627 用来泄放 6 - T1 里出来的高压气体，正常操作时应关闭。

(3)FICA - 0620 控制着流入罐区的丙烷流量。

(4)PICA - 0620 在正常运行时不起作用，在外输压力降低的情况下才起作用，用来防止压力低于汽化点。

3.3.2 丁烷产品(丁烷储罐)

(1)6 - T2 的液位是浮动的，它的进口受 LICA - 0415 控制，出口受 FICA - 0603 控制，在高低液位报警的情况下，要对产品流量控制器 FIC - 0603 进行流量调整。

(2)PICA - 0628 用来泄放 6 - T2 里出来的高压气体，正常操作时应关闭。

(3)FICA - 0603 控制着流入罐区的丁烷流量。

(4)PICA - 0623 在正常运行时不起作用，在外输压力降低的情况下才起作用，用来防止压力低于汽化点。

3.3.3 戊烷油产品(戊烷油储罐)

6 - T3 的液位是浮动的，它的进口受 LICA - 0414 控制，出口受 FICA - 0601 控制，在高低液报警的情况下，要对产品流量控制器 FICA - 0601 进行流量调整。

3.4 日常运行中的巡检

(1)各外输泵的运转情况。

(2)各外输产品的压力、流量、温度以及各产品储罐的液位。

(3)各外输管线上过滤器的压差。

3.5 常见故障处理

本单元常见的故障是离心泵气堵，原因及处置措施见表1 - 23。

表1 - 23　离心泵气堵原因及处置措施

引起气堵原因	处置措施
储罐液面太低	提高储罐液面
吸入管线上阀门半开关	检查吸入管线上的阀门，看其是否全打开
由于日晒或其他原因使泵壳发热、泵内液体汽化	冷却泵体

3.6 不合格品回炼操作步骤

3.6.1 丙烷不合格品回炼操作

(1)乙烷塔底温度稳定在(100 ± 7)℃时可以向丙烷塔进料。

（2）丙烷塔提前打开热油调节阀给塔预热，待乙烷塔底出料后，要及时增大热油输出提高塔底温度。

（3）将塔压设定在1.45MPa投自动，启动空冷器4-EA1。

（4）随着丙烷塔底液位的升高，相应增大热油输出，将塔底温度控制在115～120℃，待丙烷塔液位达到高限，且底温一直维持在115～120℃时才可向丁烷塔进料。

（5）观察4-V2液位，待液位上升至300mm左右时启动回流泵4-P2A/B，缓慢增大回流量，保持回流泵的运行。

（6）根据丙烷塔顶温度，增大回流量至设定值6.5～7t/h，将塔顶温度控制在45～46℃。

（7）待4-V2液位超过高报限，打开LICA0412输出阀向6-T进料。

（8）调整丙烷塔参数，稳定后观察在线取样结果合格后，通知化验室从回流泵出口取样。

（9）根据化验结果，若不合格继续调整，若合格丙烷可外输。导通流程：打开回流泵出口外输至丙烷界区的阀门直接外输至罐区，关闭6-T1的进料阀。

（10）丙烷产品合格外输后，可启动6-P1C进行不合格品的回炼。流程：缓慢打开丙烷塔进料阀组旁通阀的后截止阀、回炼管线的进料阀，打开泵入口阀、回流阀，关闭出口阀，打开泵体排污进行排气，关闭排污阀启泵。

（11）启泵后检查泵出口压力在1.8MPa左右，缓慢开泵出口回炼阀（*DN*25）1/4圈，在中控DCS上观察4-C2液位、塔压、底温，4-C1塔底出料的稳定情况及调节阀开度，4-C2液位若明显上升过快或参数波动大，现场可将回炼阀关至1/8圈，或关闭阀门暂时停止回炼；若塔参数稳定、可控，适当增大回炼阀的开度，将塔底温度保持在115～120℃，塔顶温度保持在45～46℃。回炼阀开度的大小取决于塔参数的稳定。

（12）待6-T1内的不合格品打到最低液位时，可将6-T1的进料阀部分开启，用合格品混合不合格品，提高不合格品纯度，直至全部回炼完毕。

（13）不合格品回炼完毕，打开6-T1进料阀，关闭回流泵出口外输至丙烷界区的阀门，切断回炼流程：关丙烷塔进料阀组旁通阀的后截止阀、回炼管线的进料阀、泵出口回炼阀，打开泵出口阀，丙烷正常外输。

（14）若机组启动后因其他故障导致长时间产品不合格，造成中间罐6-T1产品不合格，可通知罐区倒丙烷不合格罐直接外输。

3.6.2　丁烷不合格品回炼操作

（1）丙烷塔底温度稳定在115～120℃时可以向丁烷塔进料。

（2）丁烷塔提前打开热油调节阀给塔预热，待丙烷塔底出料后，要及时增大热油输出提高塔底温度。

(3)将塔压设定在 0.45MPa 投自动，启动空冷器 4 – EA2。

(4)随着丁烷塔底液位的升高，相应增大热油输出，将塔底温度控制在 108～112℃，待丁烷塔液位达到高限，且底温一直维持在 108～112℃时才可向 6 – T3 进料。

(5)观察 4 – V3 液位，待液位上升至 300mm 左右时启动回流泵 4 – P3A/B，缓慢增大回流量，保持回流泵的运行。

(6)根据丁烷塔顶温度，增大回流量 6.5～7t/h，将塔顶温度控制在 49～51℃。

(7)待 4 – V3 液位超过高报限，打开 LICA0417 输出阀向 6 – T2 进料。

(8)调整丁烷塔参数，稳定后，观察在线取样结果，丁烷质量合格后通知化验室从回流泵出口取样化验。

(9)根据化验结果，若不合格继续调整，若合格丁烷可外输。导通流程：打开回流泵出口外输至丁烷界区的阀门直接外输至罐区，关闭 6 – T2 的进料阀。

(10)丁烷产品合格外输后，可启动 6 – P1A 进行不合格品的回炼。

(11)启泵前检查流程：缓慢打开丁烷塔进料阀组旁通阀的后截止阀、回炼管线的进料阀，打开泵入口阀、回流阀，关闭出口阀，打开泵体排污进行排气，关闭排污阀后可启泵。

(12)启泵后检查泵出口压力在 1.0MPa 左右，缓慢开泵出口回炼阀(DN25)1/4 圈，中控 DCS 上观察 4 – C3 液位、塔压、底温，4 – C2 塔底出料的稳定情况及调节阀开度，4 – C3 液位若明显上升过快或参数波动大，现场可将回炼阀关至 1/8 圈，或关闭阀门暂时停止回炼；若塔参数稳定、可控，可适当增大回炼阀的开度，因为塔进料量的增大，塔底的热量也要不断增大，将塔底温度保持在 108～112℃，塔顶温度保持在 49～51℃。回炼阀开度的大小取决于塔参数的稳定。

(13)待 6 – T2 内的不合格品打到最低液位时，可将 6 – T2 的进料阀部分开启，用合格品混合不合格品，提高不合格品纯度，直至全部回炼完毕。

(14)不合格品回炼完毕，打开 6 – T2 进料阀，关闭回流泵出口外输至丁烷界区的阀门，关闭回炼流程：关丁烷塔进料阀组旁通阀的后截止阀、回炼管线的进料阀、泵出口回炼阀，打开泵出口阀，丁烷正常外输。

(15)若机组启动后因其他故障导致长时间产品不合格，造成 6 – T2 满罐，可通知罐区倒丁烷不合格罐直接外输。

3.6.3 戊烷油不合格品回炼操作

(1)丙烷塔底温度稳定在 115～120℃时可以向丁烷塔进料。

(2)丁烷塔提前打开热油调节阀给塔预热，待丙烷塔底出料后，要及时增大热油输出提高塔底温度。

(3)将塔压设定在 0.45MPa 投自动，启动空冷器 4 – EA2。

(4)随着丁烷塔底液位的升高，相应增大热油输出，将塔底温度控制在 108～112℃，待丁烷塔液位达到高限，且底温一直维持在 108～112℃ 时才可向 6-T3 进料。

(5)观察 4-V3 液位，待液位上升至 300mm 左右时启动回流泵 4-P3A/B，缓慢增大回流量，保持回流泵的运行。

(6)根据丁烷塔顶温度，增大回流量 6.5～7t/h，将塔顶温度控制在 49～51℃。

(7)待 4-V3 液位超过高报限，打开 LICA0417 输出阀向 6-T2 进料。

(8)调整丁烷塔参数稳定后，观察在线取样结果，轻油质量合格后通知化验室从 6-T3 进料口取样化验。

(9)根据化验结果，若不合格继续调整，若合格给 6-T3 继续进料，稀释储罐内的不合格品。

(10)丁烷塔参数稳定后，可启动 6-P2A/B 进行戊烷油不合格品回炼。导通流程：打开戊烷油回炼阀，打开泵入口阀、回流阀，关闭出口阀，打开泵体排污进行排气，关闭排污阀启泵。启泵后检查泵出口压力在 0.7MPa 左右，缓慢开泵出口回炼阀（DN25）1/4 圈，中控 DCS 上观察 4-C3 液位、塔压、底温，4-C2 塔底出料的稳定情况及调节阀开度，4-C3 液位若明显上升过快或参数波动大，现场可将回炼阀关至 1/8 圈，或关闭阀门暂时停止回炼；若塔参数稳定、可控，可适当增大回炼阀的开度，将塔底温度保持在 108～112℃。塔顶温度保持在 49～51℃。

(11)若戊烷油回炼不及时，6-T3 液位升高至高限，可稍开 6-P2A/B 出口阀，将部分戊烷油外输至罐区不合格罐，即一边回炼一边外输，以缓解 6-T3 压力。

(12)当在戊烷油外输计量处取样合格后，全开 6-P2A/B 出口阀，关闭戊烷油回炼流程，戊烷油外输至罐区合格罐。

(13)6-T3 比 6-T2 容积小，故先回炼戊烷油，再回炼丁烷。

4　操作要点

(1)产品外输时应检查并打开外输计量的出口截止阀。

(2)不合格品回炼操作中，丙烷、丁烷合格产品是由其回流泵出口进行外输。

(3)戊烷油储罐为常压罐，操作时应保持一定液位及压力，如果压力及液位过高，使戊烷油从储罐顶部阻火器处喷出，遇明火或静电会发生爆炸事故。

5　安全注意事项

(1)戊烷油储罐因压力及液位过高，戊烷油从罐顶部阻火器处喷出，溅到操作人员身上造成皮肤腐蚀。

(2)现场操作应按要求戴安全帽，以免造成碰伤。

(3)启泵操作时，请勿触碰任何旋转件，以免造成伤害。

6 突发事故应急处理

本项目选取的典型事故案例是乙烷外输安全阀高压端管线发生泄漏，其应急处置程序见表1-24。

表1-24 乙烷外输安全阀高压端管线发生泄漏事故预防与应急处置

步骤	处置	负责人
事故发生	乙烷外输安全阀高压端管线发生泄漏	现场巡检人员
应急操作	1. 巡检人员发现乙烷外输安全阀高压端管线发生泄漏并伴有较大的气流声，有白色气雾漫延，立即用防爆对讲机向中控室汇报； 2. 班长下达停乙烷外输泵指令后，立即切断故障泵流程，并泄压，同时汇报厂调度室停乙烷原因等相关事宜； 3. 并通知本厂生产调度，说明现场泄漏情况； 4. 派本班人员在泄漏泵周围拉设警戒带，上风向放置灭火器； 5. 本厂启动现场处置方案，相关人员立即进入现场进行应急处置，应急人员进入现场处置泄漏点	班长及班组成员
应急终止	处置完毕，恢复流程，经检查无泄漏，可为正常备用	副班长

7 拓展知识阅读推荐

[1] GB/T 22026—2008. 气雾剂级丙烷(A-108)[S]. 北京：中国计划出版社，2008.

[2] GB/T 22024—2008. 气雾剂级正丁烷(A-17)[S]. 北京：中国计划出版社，2008.

[3] GB/T 22025—2008. 气雾剂级异丁烷(A-31)[S]. 北京：中国计划出版社，2008.

项目八 工艺系统停机操作

1 项目简介

为保证装置安全平稳停运。

2 操作前准备

(1) 穿戴好劳保用品：防静电服1套(工衣、工裤)、防静电工鞋1双、安全帽1顶、手套1双。

(2) 准备工用具：防爆F扳手小号和中号各1把、对讲机1双。

(3) 设备安全平稳启动，并进入正常运行状态。

3 操作步骤

3.1 正常停机

应考虑两种不同的停机情况：长期停机(停机时间超过3d)、短期停机(停机时间不超过3d)。

这两种情况的停机顺序是相同的，所不同的是工厂的液体排放问题，短期停机所有的液体仍保留，长期停机必须将液体排放掉。为了减少放空，在操作中，应把各部位的液面减到最低程度再进行停机，正常的停机应按以下步骤。

3.1.1　停干燥塔 1 – V5A/B

（1）如果工厂有计划的停机，必须做到在工厂停机之前，完成两个吸附塔的再生（加热和冷吹）。

（2）若遇事故停机，应将干燥投手动，并记下停在哪一步，距离完成还有多长时间，以保证再次开机时干燥塔的正常运行。

3.1.2　停膨胀机 2 – TK1

降低燃机的转速，并打开 1 – K1 的防喘阀，以降低膨胀机的负荷，手动全开膨胀机的防喘调节器 FIC – 0103，缓慢打开膨胀机的旁通阀 HIC – 0204，当膨胀机转速降至 32000r/min 时，按下停机按钮，在中控室内应将 3 – V6、3 – V7 的液位调节阀手动全关。

3.1.3　停丙烷压缩机 3 – K1

（1）稍开塔顶手动放空阀，将蒸发出来的气体送往火炬。

（2）缓慢打开三段防喘调节器 FIC – 0301、FIC – 0302、FIC – 0303，关闭各段分离器液位调节阀，待分离器内液位蒸发完后按下停机按钮，同时应关闭 HSV – 0304 和 3 – V1、3 – V2、3 – V3 各段入口截止阀。

3.1.4　停液烃泵

将塔、回流罐中的烃液输至储罐中，通过外输泵输至罐区不合格罐。烃液泵 2 – P1A/B、4 – P1A/B、4 – P2A/B、4 – P4A/B、6 – P1A/B、4 – P3A/B、6 – P1A/B/C、6 – P2A/B 全部停运。

3.1.5　停原料气压缩机 1 – GT1/1 – K1

缓慢降低燃机的转速，并将防喘阀手动全开，将燃机的负荷降到最低，然后按下停机按钮 HS – 0121。在燃机停下来之后，停原料气压缩、脱水单元的空冷器，停燃料气压缩机 5 – K1A/B 及 5 – EA1。

3.1.6　停热油系统

手动缓慢关闭 TICA – 0703，等热油温度降低到100℃后，停泵 7 – P1A/B，关掉空冷器 4 – EA1、4 – EA2、4 – EA3。

3.1.7　液位控制器

通常各种液体都被收集到分离器和塔中，液位调节器仍投自动，若长期停机应通过排放管线将液体排放掉。

3.1.8　流量控制器

所有的流量控制器在停机后置手动关闭状态。

3.1.9　压力控制器

在停机后 6 – K1A/B/C 保持运行，所有的压力调节器应在正常操作位置，并投自动。

3.1.10 工艺阀门

在 1 – GT1/1 – K1 停下之后，应关闭跨线大阀及 TSV – 0120 阀。

3.2 紧急停机

（1）根据设计安全方面的原理，工厂紧急停机可按"ESD"按钮以减少设备或设施被损坏的风险，"ESD"按下后，所有运转设备立刻停下来，各区块所有的控保装置、阀都应进入安全状态。

（2）紧急停机只有在工厂发生火灾或主要工艺管线破裂的情况下才进行，应尽可能采用正常停机程序来处理紧急事故。

4 操作要点

（1）机组正常停运遵循"先降负荷后停机"原则。

（2）装置正常停运前应先完成两个吸附塔的再生，紧急停运则记录好干燥塔停运的步骤。

（3）装置停运中，应尽量将各塔及产品罐液位打至最低。

（4）装置停运后需泄压时，应提前与气柜岗位人员联系，保证不发生大量放空，污染环境事件发生。

（5）装置停运后做到先排液后泄压。

5 安全注意事项

现场操作时应按要求佩戴安全帽，以免造成人身伤害。

6 拓展知识阅读推荐

［1］中国石化炼化企业装置开停工及检维修环境保护管理规定．中国石化安［2011］444 号．

项目九 燃料气系统操作

1 项目简介

燃料气系统是为燃气轮机提供合格压力和温度的燃料气，以满足燃气轮机的稳定运行。本装置包括两台电动活塞式压缩机（工艺代号 5 – K1A/B）、一台空冷器和三台小型分离器。该机组采用德国 NEA（诺尔曼 & 艾索）公司往复式压缩机，压缩机型号为 1 TES 30 – 200，其中 1 表示级数为 1 级，T 表示无油润滑，E 表示 1 个曲柄连杆，S 表示立式（Stand）压缩机，30 表示活塞杆载荷为 30kN，200 表示第一级气缸直径为 200mm。压缩机为电机驱动的单缸双作用无油润滑立式活塞压缩机。润滑油采用昆仑压缩机油 L – DAB150。

2 操作前准备

（1）穿戴好劳保用品：防静电服 1 套（工衣、工裤）、防静电工鞋 1 双、安全帽 1 顶、手套 1 双。

（2）准备工用具：防爆 F 扳手小号和中号各 1 把、对讲机 1 双。

（3）设备安全平稳启动，并进入正常运行状态。

3　操作步骤

3.1　1 - GT1 燃气轮机供气方式选择

3.1.1　临时气源

（1）1 - K1 原料气压缩机未开车前，用本工厂进口处的低压原料气或用二期的外输干气作为临时气源。

（2）1 - K1 原料气压缩机开车后，用 1 - K1 二段出口处的原料气作为补压气。

（3）为防止停电或 5 - K1 故障停机，从 1 - K1 二段出口处引来增压原料气作为备用气源。

3.1.2　正式气源

甲烷塔投运后，用其塔顶干气作燃气轮燃料气。

5 - K1A 和 B 两台压缩机串联运行（工厂首次启动用）。

5 - K1A 和 B 两台压缩机均为单独运行（日常使用）。

3.2　燃料气系统开机

3.2.1　5 - K1A 和 5 - K1B 两台燃料气压缩机串联运行

（1）启动空冷器 5 - EA1A/B，将 5 - K1B 出口压力调节器 PIC - 0502 设定为 0.8MPa，燃料气出口压力调节器 PIC - 0501 设定为 1.3MPa，置"AUTO"（自动）状态。

（2）关闭管线 05009 上去 5 - V1A 的阀门，打开管线 01022 上的闸阀及启动燃料气阀门 HSV - 0102，原料气经入口分离器 5 - V1B → 5 - K1B → 5 - EA1B → 5 - K1B 出口阀给系统进行充压至原料气入口压力为止。

（3）按燃料气压缩机操作启动 5 - K1B，气体经阀 PSV - 0502 进行大循环。

（4）打开 5 - K1A 出口阀（管线 05003），开串联线 05016 上的阀，开分离器 5 - V1A 入口阀，按燃料气压缩机操作启动 5 - K1A，5 - K1B 出口气体经 5 - K1A 入口阀，5 - K1A 出口气体经 5 - EA1A → 5 - V2 → 1 - GT1 燃料气阀充压（$P = 1.3$MPa，$T = 45$℃ 的燃料气）。

3.2.2　使用干气作为燃料气

（1）当脱甲烷塔 2 - C1 投运之后，即可获得干气产品（甲烷，压力 1.2MPa，温度 25℃）。此时，引入干气为工厂正常运行时的燃料气。

（2）缓慢打开 5 - V1A 干气入口阀，关闭串机阀，按规程停下 5 - K1B，5 - K1A 压缩增压，经压力和温度调节，在 1 - GT1 燃料阀处可获得压力为 1.3MPa、温度为 45℃ 的合格燃料气。

3.2.3　使用原料气 5 - K1A 单独运行

(1)关闭干气通往 5 - V1A 管线上的阀门,打开原料气通往 5 - V1B 管线上的阀门,再打开 5 - V1B 出口至 5 - V1A 出口管线上的阀门,引原料气进入 5 - K1A 机。

(2)将燃料气出口压力调节器 PICA - 0501 设定为 1.3MPa,置"AUTO"(自动)状态。

(3)打开管线 01220 上的闸阀及启动燃料气阀门 HSV - 0102,原料气经入口分离器 5 - V1B→5 - V1A→5 - K1A →5 - EA1A→5 - K1A 出口阀进行充压。

(4)按规程启动 5 - K1A,气体经阀门 PSV - 0501 进行大循环。

(5)开 5 - V2 分离器入口阀,5 - K1A 出口气体经 5 - EA1A→5 - V2→1 - GT1 燃料阀进行充压。

(6)燃气轮机 1 - GT1 启动点火后,将 5 - K1A 出口压力调节器调到 1.3MPa,置"AU-TO"(自动)状态。

(7)将燃料气出口压力调节器 PICA - 0502 置手动状态,并保持 100% 全开。

3.2.4　使用原料气 5 - K1B 单独运行

(1)关闭干气管线(05009)上的阀门和原料气通往 5 - V1A 管线上的阀门。

(2)将燃料气出口压力调节器 PICA - 0502 设定为 1.6MPa,置手动状态,并保持 100% 全开,PICA - 0502 仅在串联运行时使用。将空冷器 5 - EA1A/B 出口温度调节器设定为 45℃(TIC - 0502/0503),置"AUTO"(自动)状态。

(3)打开管线 01220 上闸阀及启动燃料气阀门 HSV - 0102,原料气经入口分离器 5 - V1B→5 - K1B→5 - EA1B→5 - K1B 出口阀进行充压。

(4)按燃料气压缩机 5 - K1A/B 规程,启动 5 - K1B,气体经阀门 PSV - 0502 进行大循环。

(5)开 5 - V2 分离器入口阀,将燃料气出口压力调节器 PICA - 0501 设定为 1.3MPa,置"AUTO"(自动)状态。

(6)打开启动用燃料气阀门 HS - 0102(正常运行时用干气),导通如下流程:5 - V1A/B(入口分离器)→5 - K1A/B(燃料气压缩机)→5 - EA1(燃料气冷却器)→5 - V2(出口分离器)→燃机燃烧室。

(7)把压力控制器 PIC - 0501 设在 1.4MPa,置"AUTO"(自动)状态。打开补压调节阀前后截止阀及运行机组的补压阀门。启动 5 - EA1A/B,打开补温调节阀的前后截止阀,并将温度控制器 TICA - 0501 设在 60℃,置"AUTO"(自动)状态。

(8)启动 5 - K1A/B,通过 PSV - 0501 和 PSV - 0502 进行大循环。

3.3　燃料气压缩机操作

3.3.1　开机前的准备工作

(1)详细检查管线,检查压缩机各连接部位有无松动现象,所属设备、管线、阀门是否处于备用状态。

（2）排净进、出口集气缸内的液体。

（3）在配电室给除了主电机以外的电器设备送电，检查仪表及联锁系统应处于正常状态。

（4）打开润滑油冷却器的进水阀、回水阀，检查冷却器水是否畅通，调整回水量至适当值。

（5）用氮气将系统置换至氧含量小于1%为止。

（6）检查气缸冷却液是否合适，打开气缸冷却液进口阀。

（7）检查曲轴箱油位在视窗2/3左右，打开电加热器并设定在35～45℃，给润滑油加热。启动由电机带动的辅助油泵，调整润滑油压力，使压力保持在0.3MPa左右，运行时间不少于10min。

（8）检查安全阀是否完好。

（9）手动盘车，检查压缩机是否有卡滞现象。

（10）打开进排气阀及所有仪表阀门，检查进气压力是否在正常范围。

3.3.2　正常开车

（1）经检查确认无误后，通知配电室给压缩机送电，机组允许启动。

（2）现场将压缩机启动旋钮转到启动位置，机组随即启动。

（3）压缩机启动后检查设备运转部件有无异常响声，注意油压、油温、排气温度、进出口压力。

（4）压缩机运行后，确认润滑油压力在正常范围内，即可停运辅助油泵。

3.3.3　正常运行检查

（1）检查润滑油压力应在0.3MPa左右，低于0.1MPa时，联锁停机。

（2）检查机组润滑情况，机组响声、振动是否正常，吸气阀、排气阀是否发热。

（3）按时检查润滑油及压缩机进、出口压力、温度。

（4）每小时检查一次分离器液位，有液应及时排放。

（5）定期检查曲轴箱内的油位，油位过低应进行补充。

（6）注意观察循环润滑油颜色，如果变色，应及时停机检查，更换润滑油。

（7）润滑油过滤器进出口压差大于0.08MPa时，应及时切换至备用过滤器，更换滤芯。

（8）润滑油加入油箱前要认真过滤，保持清洁。首次运行200h后要更换，以后每运行4000h更换。

3.3.4　正常停车操作

（1）启动辅助油泵。

（2）现场将压缩机启动开关转到停车位置。

（3）检查各缓冲罐中有无液体并就地排放。

（4）关闭 5 - V1A 或 5 - V1B 的进、出口阀，打开各分离器排液阀，排净液体后关闭排液阀。

（5）停机后 10min，停辅助油泵。

（6）停机后 20min 停冷却水。

（7）停机之后，认真填好记录。

3.3.5　紧急停机操作

（1）在运行中如发生下列情况，可进行紧急停机：①液体大量进入气缸；②设备的连接部分有强烈的撞击声；③电机有异常响声或冒烟起火；④压缩机部件有严重损坏；⑤管道堵塞或破裂。

（2）紧急停车步骤：

①切断电源；②关闭进气阀；③打开各分离器到 1 - V1 分离器的排液阀，排净液体后关闭排液阀。④详细填写停车及处理过程，以便分析处理。⑤如果伴随事故发生，注意保护现场。

3.3.6　常见故障及处理方法

常见故障及处理方法见表 1 - 25。

表 1 - 25　压缩机常见故障及处理方法

故障	原因	处理方法
气体温度超高	（1）阀片故障或阀弹簧断； （2）阀座损坏或气缸内阀支撑损坏	（1）更换气阀； （2）修整阀座
气体排量不足	（1）活塞环磨损或损坏； （2）连杆填料漏或安装不正确； （3）气阀接触压力太小	（1）检修； （2）如必要，更换零件
油压降低	（1）油滤芯脏堵； （2）油位太低； （3）油太黏（启动时油温太低）； （4）油泄漏； （5）轴承间隙太大	（1）按规定切换和清洗； （2）加油； （3）打开油加热器，选择合适型号润滑油； （4）紧固连接螺栓； （5）按间隙表进行调整
油温过高	（1）油冷器冷却水量不足； （2）油冷器脏堵； （3）操作温度下油黏性过高	（1）调整水量； （2）清洗； （3）选择合适型号油
压缩机敲缸	（1）气阀松动； （2）活塞松动； （3）十字头活塞连杆连接松动； （4）连杆螺钉松动； （5）气缸内积液	（1）调整阀上止位螺钉紧固阀盖螺钉； （2）紧固活塞连接螺钉； （3）调整紧固； （4）紧固； （5）排净积液

（5）下列工艺参数必须控制在规定值内，见表1-26。

表1-26　燃料气压缩机参数范围

序号	参数名称	规定值
1	润滑油压力/MPa	0.2~0.5
2	润滑油温度/℃	5~50
3	排气温度/℃	40~95
4	排气压力/MPa	0.7~1.9

4　操作要点

4.1　明确燃料气三股气源作用及用途

4.2　串机运行

（1）燃料气出口压力调节器PICA-0502仅在串联运行时使用。

（2）串机启动应先关闭5-K1B出口阀，启动后再打开5-K1A出口阀。

4.3　单机运行

（1）燃料气出口压力调节器PICA-0502置手动100%全开，防止5-K1启动后超压安全阀起跳。

（2）导通5-K1机组流程时，必须打开二段补压和补温阀，避免在5-K1停机时，因无燃料气造成1-GT/1-K1停运。

（3）现场启动5-K1后，中控室DCS上应对HS-0501进行复位，PICA-0501方可进行调节。

（4）在5-K1机组使用原料气作为燃料气时，要注意5-V2液位，防止其超高，打开燃料气进燃机机舱截止阀前，要对燃料气进行先排放，以防止燃料气中带液。

4.4　机组启动

（1）机组启动前，润滑油温度不应小于25℃；润滑油温度过低，润滑效果差，油泵长时间运行会造成轴承高温损坏。

（2）5-K1的加载泄荷电磁阀的仪表风引压阀应打开。

（3）5-K1停运后，辅助润滑油泵不应长时间运行。

5　安全注意事项

（1）压缩机手动盘车后，才能给主机送电，防止盘车过程中压缩机误启动造成机械伤害。

（2）干气作为燃料气时，压缩机运行噪音较大，现场巡检时应做好防护，佩戴耳塞，防止听力损伤。

6　事故预防与应急处置

本项目选取的事故案例是压缩机出口法兰处泄漏和润滑油泵出口安全阀泄漏，其应急处置程序见表1-27和表1-28。

表 1-27　压缩机出口法兰处泄漏事故预防与应急处置

步骤	处置	负责人
事故发生	压缩机出口法兰处泄漏	现场巡检人员
应急操作	1. 巡检人员发现泄漏，用报话机汇报班长； 2. 班长组织班员启动备用机组，停运事故机组，切断流程，打开出口放空阀，对事故机组泄压； 3. 在泄漏泵周围拉设警戒带，上风向放置灭火器； 4. 班长通知本厂生产调度，协调应急人员进行处置； 5. 应急人员进入现场处置泄漏点	班长及班组成员
应急终止	处置完毕，恢复流程，经检查无泄漏，可为正常备用	副班长

表 1-28　润滑油泵出口安全阀泄漏事故预防与应急处置

步骤	处置	负责人
事故发生	润滑油泵出口安全阀泄漏	现场巡检人员
应急操作	1. 巡检人员发现泄漏，用报话机汇报班长； 2. 班长组织班员启动备用机组，停运事故机组，切断压缩机润滑油流程； 3. 在泄漏处放置接油容器，回收润滑油； 4. 班长通知本厂生产调度，协调应急人员进行处置； 5. 应急人员进入现场处置泄漏点	班长及班组成员
应急终止	处置完毕，导通压缩机润滑油流程，启动辅助润滑油泵，检查安全阀处无泄漏，停运油泵，机组可正常备用	副班长

7　拓展知识阅读推荐

[1] 安定钢. 往复式压缩机技术问答[M].（第二版）. 北京：中国石化出版社，2005.

[2] HG 20554—1993. 活塞式压缩机基础设计规定[S]. 北京：化学工业出版社，1993.

[3] HG/T 3184—2018. 化工用往复活塞式压缩机名词术语[S]. 北京：化学工业出版社，2018.

项目十　氮气发生系统操作

1　项目简介

1.1　原理

采用变压吸附气体工艺，分离压缩空气中的氮气和氧气，为工厂提供高纯度的氮气。

1.2　流程

压缩空气及净化、空气分离、氮气储存及供气。

1.3　组成

空压机、冷干机、空气缓冲罐、吸附器、氮气缓冲罐、活性炭罐、三级过滤器、消音器、管路及附件。

1.4　性能参数

氮气流量：200m³/h（标准状态）；

纯度：99.5%；

出口压力：0.6MPa；

洁净度（含油量）：≤0.01ppm（1ppm = 10^{-6}）；

功率：<80kW。

2　操作前准备

（1）穿戴好劳保用品：防静电服1套（工衣、工裤）、防静电工鞋1双、安全帽1顶、手套1双。

（2）准备工用具：防爆F扳手小号和中号各1把、对讲机1双。

（3）设备安全平稳启动，并进入正常运行状态。

3　操作步骤

3.1　启动

（1）检查机组外观完好，管线连接处无松动，空压机滤芯完好，油气分离器油位指示在绿区。

（2）通知电气人员给机组送电。

（3）检查阀门状态：

①以下阀门应打开：空压机出口截止阀V101，一、二、三级过滤器排污阀，合格氮气出口截止阀V109，不合格氮气出口截止阀V110（开度为1/2）。

②以下阀门应关闭：空气缓冲罐后截止阀V102，空压机手动排污阀。

（4）启动空压机。

（5）打开控制柜上电源旋钮开关，检查冷干机的电源开关已送电。

（6）按下冷干机启动按钮，运行5min，观察蒸发压力和冷凝压力的变化，冷干机运转正常后蒸发压力为0.4～0.6MPa，冷凝压力为1.3～1.7MPa。检查自动排水器工作是否正常。

（7）按下控制柜上的启动按钮，在氧分仪上设定氧气含量，PSA系统开始工作。

（8）当空气缓冲罐压力达到0.6～0.8MPa后，缓慢打开空气缓冲罐后截止阀V102。

（9）通过调整氮气出口阀的开度来调节氮气的纯度和流量，关小出口截止阀的开度则氮气纯度上升，流量降低。

（10）运行中做好现场的检查工作，检查管路是否漏气、各级过滤器压差是否正常及其他异常现象。

3.2　停机

（1）关闭氮气出口阀V109阀。

（2）按下控制柜的停止按钮，控制系统会在本次控制循环周期结束时停止（时间不超过2min）。

（3）系统停止后，关闭空压机出口阀，按下空压机停机按钮。

（4）按下冷干机停机按钮，关闭空气缓冲罐后截止阀V102。

（5）系统断电。

3.3 紧急停机

当出现关键设备故障时，直接按下空压机、控制柜的急停按钮。

3.4 操作中注意事项

（1）冷干机不能频繁启动，每次至少间隔5min。

（2）巡检时注意观察冷干机和各级过滤器的自动排水管工作情况、空压机油滤器油位是否在绿区。

（3）由于系统有自动操作功能，压缩机、干燥器和PSA系统有可能自动启动。在任何养护工作开始前，必须关闭整个系统。

4 操作要点

（1）冷干机启动后，观察其蒸发压力应下降，冷凝压力应升高至正常后的压力范围。

（2）在空压机处于卸载状态时，进行停运。

5 安全注意事项

变压吸附气体泄放声音较大，现场巡检时应做好防护，佩戴耳塞，防止听力损伤。

6 事故预防与应急处置

本项目选取的事故案例是压缩机出口过滤器自动排水器故障，其应急处置程序见表1-29。

表1-29 压缩机出口过滤器自动排水器故障预防与应急处置

步骤	处置	负责人
事故发生	压缩机出口过滤器自动排水器故障	现场巡检人员
应急操作	1. 巡检人员发现过滤器内水位过高，用报话机汇报班长； 2. 班长组织本班人员立即停运氮气车，关闭氮气供气阀，切断电源，并泄压； 3. 班长通知本厂生产调度，协调仪表维修人员对自动排水阀进行维修	班长及班组成员
应急终止	处置完毕，恢复流程，启动运行，观察自动排水阀排水效果	副班长

7 拓展知识阅读推荐

[1]邢子文. 螺杆压缩机（理论设计及应用）[M]. 北京：机械工业出版社，2000.

[2]SH/T 3146—2004. 石油化工噪声控制设计规范[S]. 北京：石油工业出版社，2004.

[3]GB/T 13280—1991. 工艺流程用螺杆压缩机技术条件[S]. 北京：中国计划出版社，1991.

项目十一　原料气补气系统操作

1　项目简介

本项目以天然气处理厂第三气体处理厂为例。该厂的原料气补气流程用于在原料气流量低于设计下限[$80 \times 10^4 \mathrm{m}^3/\mathrm{d}$(标准状态，下同)]时向原料气中补充适量的干气，其工艺流程是分别在干气外输管线和再生气外输管线上各新增一条连接至原料气入口的管线(干气连接至原料气分离器 1 - V8B，再生气连接至原料气分离器 1 - V8A)，采用控制补气流量的方式将干气回输至原料气管线，从而提高原料气流量，实现装置稳定运行。

2　操作前准备

(1)穿戴好劳保用品：防静电服 1 套(工衣、工裤)、防静电工鞋 1 双、安全帽 1 顶、手套 1 双。

(2)准备工用具：防爆 F 扳手小号和中号各 1 把、对讲机 1 双。

(3)确认设备、流程运行正常。

3　操作步骤

3.1　投用前准备工作

(1)检查所有电气和仪表是否处于正常状态。

(2)检查流程中所有阀门均已关闭。

3.2　投用

(1)当原料气量持续低于 $80 \times 10^4 \mathrm{m}^3/\mathrm{d}$ 时即可投用原料气补气流程。

(2)干气补气流程：

①依次打开新增干气管线上入口总阀、流量计前后闸阀、调节阀前后闸阀、入口分离器(1 - V8B)入口闸阀，同时中控室手动缓慢开启补干气调节阀(FV - 0105)至流量计有流量显示，观察补气流量。

②根据工艺需要以 1% 的步长加大阀门开度增加补气量，观察装置运行情况，直至原料气流量(FIC - 0101)达到 $(80 \sim 85) \times 10^4 \mathrm{m}^3/\mathrm{d}$。

③补干气时需关注以下参数：原料气流量(FIC - 0101)、原料气压力(PI - 0101)、原料气温度(TI - 0101)。

(3)再生气补气流程：

①现场检查入口分离器 1 - V8A 入口的补干气阀已关闭，缓慢打开再生气至 1 - V8A 的闸阀，同时缓慢关闭再生气至外输管网的阀门，观察原料气和再生气量的变化，保证再

生气量稳定在$(6 \sim 8.5) \times 10^4 \mathrm{m}^3/\mathrm{d}$。

②补再生气时需关注以下参数：FIC－0101、PI－0101、TI－0101、再生气流量（FICA－0104）。

（4）当原料气中 C_{3^+} 含量低于 $160\mathrm{g}/\mathrm{m}^3$ 时，可缓慢关小阀门直至停用补气流程。

3.3 装置停机时的操作

（1）装置停机前准备降负荷时首先停用补气流程。

（2）对干气补气流程，缓慢关闭调节阀至全关，关闭调节阀后闸阀。

（3）对再生气补气流程，现场缓慢打开再生气外输阀，同时缓慢关闭至 1－V8 的补气阀。

（4）关闭补气流程时，当原料气量低于 $80 \times 10^4\mathrm{m}^3/\mathrm{d}$ 时打开增压机的防喘阀。

（5）长期停运时，关闭补干气入口总阀，管网进行排液泄压。

3.4 应急操作

3.4.1 气质变贫，甲烷塔顶温降低

措施：操作人员密切关注工艺参数，可通过关小补气量、降低罐区的制冷量直至关闭干气和再生气流程，同时可按解冻的方法进行解冻。

3.4.2 气质变贫，原料气压缩机（1－K1）工作点波动，防喘阀打开

措施：操作人员密切关注在线组分仪的变化，当 1－K1 工作点波动防喘阀将要波动时，可适时打开防喘阀，或在气量低、气质贫且工作点波动时适当向原料气中补充丙烷、丁烷。

3.4.3 燃气轮机/原料气压缩机（1－GT1/1－K1）或膨胀－增压机（2－TK1）突然停运

措施：在 DCS 上首先立刻关闭 FV－0105，然后到现场将再生气倒至外输管网。

3.4.4 在干燥塔加热或冷吹初期，补再生气时再生气空冷器（1－EA4）停运

措施：1－EA4 故障停运时，在 DCS 上先关闭 FV－0104 阀，操作人员到现场迅速导通再生气至外输管网的阀门，关闭再生气至 1－V8 的阀门后在 DCS 上打开 FV－0104 调至正常流量后投自动；同时在燃机控制系统上注意观察工作点的位置，可手动将防喘阀打开，同时观察增压机的入口流量，根据情况打开增压机防喘阀。

4 操作要点

（1）补干气操作时，缓慢打开 FV0105，以免气量变化过快，气量变化过快不利于平稳生产。

（2）补再生气操作时，注意再生气量的波动，打开补再生气阀的同时要关闭再生气至外输管网的阀门。

（3）每 2 个月对补干气管线流量计注油保养一次。

5 安全注意事项

（1）现场操作阀门时应站在阀门的侧面、上风口，以免在操作过程中阀门泄漏导致人

员伤害。

(2)注意站稳后再进行操作，防止被管线绊倒摔伤。

(3)开阀门过程中要缓慢，防止被阀门手轮打伤。

6 事故预防与应急处置

本项目选取的事故案例是补干气管线法兰处泄漏，其应急处置程序见表1-30。

表1-30 补干气管线法兰处泄漏应急处置

步骤	处置	负责人
事故发生	补干气管线法兰处泄漏	操作人员
应急处置措施	1. 下达停补干气指令，立即关闭上下游阀门，切断流程并泄压； 2. 通知生产组，协调维修人员进行处置； 3. 维修完成后，恢复流程并试漏	班长
应急终止	处置完毕后，下达应急终止指令	班长

注意：处置过程中注意风向，防止人员吸入干气发生窒息。

7 拓展知识阅读推荐

[1]王遇冬. 天然气处理原理与工艺[M]. (第三版). 北京：中国石化出版社，2007.

项目十二 脱甲烷塔防 CO_2 冻堵操作

1 项目简介

本项目以天然气处理厂第三气体处理厂为例。该厂脱甲烷塔防 CO_2 冻堵流程是利用重烃吸收 CO_2 的原理，从脱乙烷塔(4-C1)底引出 C_{3+} 物料经丙烷蒸发器(2-E4)冷却至-20℃，与低温分离器(2-V1)底部节流后物料混合进入脱甲烷塔，吸收气相中的 CO_2，降低塔上部气相中 CO_2 分压，从而降低气相 CO_2 冻堵点温度，防止脱甲烷塔吸收段冻堵，达到降低脱甲烷塔顶温、提高收率的目的。

2 操作前准备

(1)穿戴好劳保用品：防静电服1套(工衣、工裤)、防静电工鞋1双、安全帽1顶、手套1双。

(2)准备工用具：防爆F扳手小号和中号各1把、对讲机1双。

(3)确认设备、流程运行正常。

3 操作步骤

3.1 投用前准备工作

(1)检查所有电气和仪表是否处于正常状态。

(2)检查压力表的根部阀已经打开。

(3)检查系统各部位阀门处于完好状态，系统内切断阀、自控阀及其前后截止阀和旁通阀、排污阀、放空阀处于关闭状态。

(4)工艺流程检查：

①在丙烷压缩机(3 - K1)启机前，打开丙烷蒸发器(2 - E4)丙烷出口至丙烷分离器(3 - V6)管线上闸阀，在DCS上确认FV - 0202为全关状态。

②脱乙烷塔充压之前，打开脱乙烷塔塔底至丙烷蒸发器的截止阀、丙烷蒸发器出口流量计的前后截止阀。

3.2　投用

(1)随着脱乙烷塔建立压力和液位，将流量调节阀(FV - 0202)打开1% ~2%的开度为丙烷蒸发器戊烷油侧建立相应压力和液位，当乙烷塔压力(PV - 0418)达到1.6MPa时关闭FV - 0202。

(2)当脱甲烷塔(2 - C1)正常工作后，即可投用脱CO_2防冻堵流程。

(3)现场打开丙烷进料阀(HIC - 0314)的前后截止阀和丙烷蒸发器入口阀，在DCS上缓慢打开HIC - 0314，注意观察3 - V6顶温(TI - 0308)和罐区一段的防喘流量和入口压力。

(4)缓慢打开FV - 0202阀，将重烃导入脱甲烷塔，重烃流量控制在200kg/h，稳定20min。加大FV - 0202阀的开度，流量控制在500kg/h，稳定20min。逐步增加至1800kg/h，每步稳定20min。

3.3　正常操作

(1)根据重烃的温度(TI0231)、3 - V6出口温度(TI - 0308)及时调整FV - 0202和HIC - 0314的开度，避免操作对原料气预冷和2 - C1的温度造成影响。

(2)当TI - 0308高于 -25℃或TI - 0227高于 -27℃时，则表明原料气预冷温度过高，不利于低温单元降温，以200kg/h的速率逐步降低重烃流量，直到恢复正常状态。

(3)根据原料气组分或CO_2含量和脱甲烷塔压差情况，适当降低脱甲烷塔的顶温，提高收率。

3.4　正常停用

(1)在DCS上缓慢关闭重烃流量调节阀FV - 0202。

(2)在DCS上关闭HIC - 0314阀。

(3)适时调整罐区防喘阀的开度，保证罐区工作稳定。

(4)长期停用时切断流程，排液泄压。

3.5　应急操作

3.5.1　原料气组分或CO_2含量突变，脱甲烷塔冻堵

措施：①先保持轻烃流量不变，调节3 - V6、3 - V7制冷温度，提高原料气的预冷温度。②往塔内返输适量含丙烷液体，吸收原料气中的CO_2。

3.5.2 3-V6顶温上升

措施：适时开大HIC-0314阀，适当降低重烃流量，注意2-C1塔顶的压差，防止低温下重烃减少造成2-C1冻堵。

3.5.3 丙烷压缩机一段入口分离器(3-V1)高液位

措施：适时开大3-V1的防喘振阀，关小3-V6液位调节阀(LV-0313)。

3.5.4 重烃温度TI0231偏高

措施：如果流量偏大，可适当减少流量或增加丙烷制冷量，同时密切注意2-C1参数和罐区运行状况。现场排放丙烷蒸发器丙烷侧重烃或润滑油，增加丙烷制冷效果。

4 操作要点

(1)补重烃过程中注意HIC0314的开度，防止2-C1参数波动导致产品收率下降。

(2)根据罐区的运行状况调整丙烷压缩机各防喘阀的开度，保证压缩机的正常稳定运行。

(3)若重烃温度偏高，应及时减少重烃流量，增加丙烷制冷量，保证2-C1塔运行正常。

(4)为给2-E4预冷，且防止2-E4超压，开机时2-E4出口至3-V6入口的丙烷管线上的闸阀必须保持全开。

5 安全注意事项

(1)操作过程中应佩戴隔热手套，防止冻伤。

(2)现场操作阀门时应站在阀门的侧面、上风口，以免在操作过程中阀门泄漏导致人员伤害。

(3)参数调节应缓慢，以免2-E4被应力破坏导致人员受伤。

6 事故预防与应急处置

本项目选取的事故案例是补重烃管线法兰处发生泄漏，其应急处置程序见表1-31。

表1-31 补重烃管线法兰处发生泄漏应急处置

步骤	处置	负责人
事故发生	补重烃管线法兰处发生泄漏	操作人员
应急处置措施	1. 拉下电源开关； 2. 下达停补重烃指令，立即关闭上下游阀门，切断流程并泄压； 3. 通知生产组，协调维修人员进行处置； 4. 维修完成后，恢复流程并试运，检查无泄漏	班长
应急终止	处置完毕后，下达应急终止指令	班长

注意：及时调整2-C1塔的运行参数，严密监视2-C1塔压差，防止因停补重烃导致塔冻堵。

7 拓展知识阅读推荐

[1]陈敏恒.化工原理[M].北京：化学工业出版社，2006.

项目十三 DCS 系统操作

1 项目简介

DCS 系统又称集散控制系统，是以微处理器为基础，采用"控制功能分散、显示操作集中、兼顾分而自治和综合协调"的设计原则的新一代仪表控制系统。本项目以天然气处理厂第三气体处理厂一期装置为例。该厂一期装置采用日本横河公司的 Centum VP 系统，由一台工程师站和两台操作站组成。操作人员通过操作 DCS 实现对工厂运行的控制。

2 操作前准备

(1)穿戴好劳保用品：防静电服 1 套(工衣、工裤)、防静电工鞋 1 双、安全帽 1 顶、手套 1 双。

(2)准备工用具：防爆 F 扳手小号和中号各 1 把、对讲机 1 双。

(3)确认设备、流程运行正常。

3 操作步骤

3.1 操作键盘的结构

操作键盘分为四部分，分别是功能键区、窗口调出键区、数字及字符键区、操作键区，如图 1 - 1 所示。

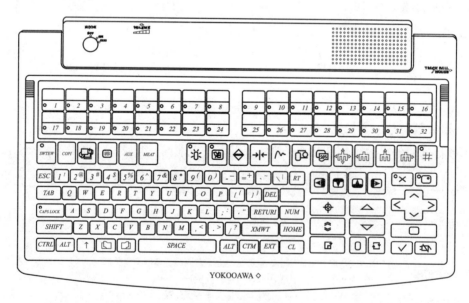

图 1 - 1 操作键盘

3.1.1 功能键区

32 个功能键：功能键是设置在操作员键盘上的 32 个带有指示灯的键，其功能是在系统生成时定义的，如图 1 - 2 所示。

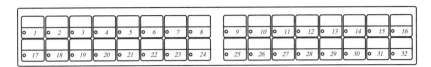

图1-2　功能键区

用途：可用来实现操作画面或指定位号的一触式调出，可直接调用组态定义的图形、控制分组及总貌。如按下第一排左侧第一个按钮键，则会调出计算机显示屏相对应的流程图画面——原料气压缩一，如图1-3所示。功能键对应的流程图画面如图1-4所示。

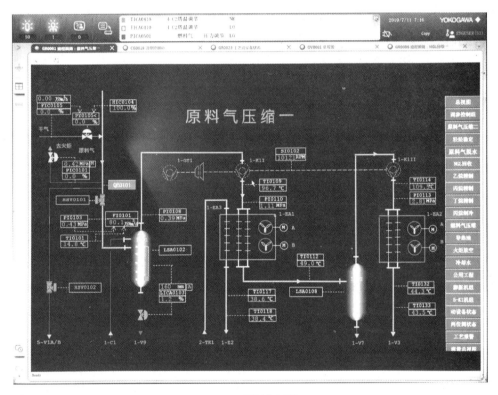

图1-3　原料气压缩一

图1-4　功能键区对应的流程画面

3.1.2　窗口调出键区

18个窗口调出快捷键：窗口调出键区主要为操作员快速调出窗口而设置的快捷键，如图1-5所示。

图 1-5　窗口调出键区

从左至右：1—系统状态画面；2—硬拷贝键；3—循环键；4—清屏键；5—辅助操作键；6—辅助窗口；
7—过程报警窗口；8—操作指导信息窗口；9—控制分组窗口；10—调整画面窗口；11—趋势画面窗口；
12—流程图窗口；13—过程报告窗口；14—导航键；15—左行窗口调用键；16—上行窗口调用键；
17—右行窗口调用键；18—总貌窗口

各窗口调出键功能用途如下：

(1)系统状态画面：调用系统状态显示画面。可以看到整个系统的控制站和操作站的状态，也可以由此进入控制站的详细画面。由此也可进入 HIS 设定窗口和系统报警窗口。

(2)硬拷贝键：打印整个屏幕画面。

(3)循环键：在当前显示的窗口之间循环切换。

(4)清屏键：将当前显示的操作监视画面全部清除。

(5)辅助操作键：不使用，将在以后开发。

(6)辅助窗口：调用帮助信息，必须在组态软件中定义过才能显示，一般情况下不定义。

(7)过程报警窗口：显示过程报警信息，如工位的高低限报警、开路等，当发生报警时，过程报警标记开始闪烁(为红色)，并有相应的声音提示。

(8)操作指导信息窗口：当操作指导信息发生时，操作指导信息标记开始闪烁(为绿色)，并有相应的声音提示；此信息是在组态软件中定义后，在相应的条件下显示的。

(9)控制分组窗口：显示组态中定义好的一组相关的仪表，分为大尺寸仪表面板和小尺寸仪表面板。其中，大尺寸面板的仪表可以在原控制分组画面直接操作，小尺寸面板的仪表在原控制分组画面只能监视，将其面板点击成为大面板之后才能操作。

(10)调整画面窗口：显示仪表的各项参数和调整趋势，每块仪表都有调整画面，不需要组态定义。

(11)趋势画面窗口：显示组态中定义的一组相关数据的趋势。

(12)流程图窗口：显示用户定义的装置流程图，以便进行直观的操作和监视。

(13)过程报告窗口：显示 FCS 控制站的实时过程状态，包括报警器信息、开关、过程IO、工位等，可以定义查找的条件，如信息类型和发生的时间等，并在屏幕或打印机上输出报表。

(14)导航键：以列表的方式显示系统画面和用户定义的画面。

(15)左行窗口调用键：向前翻页。

(16)上行窗口调用键：向上寻根(只有在组态中定义后才可使用)。

(17)右行窗口调用键：向后翻页。

(18)总貌窗口：显示用户在组态中定义的画面组，最多可显示32个相关画面。

3.1.3　数字及字符键区

数字及字符键区有68个数字及字符键，是为操作员进行可以输入字母、数字及字符而设置的键区，如图1-6所示。

图1-6　数字及字符键区

用途：字母、数字及字符键与普通键盘用法相同。

其余的用法如下：

BS：删除一个字符；CL：清除输入区；ITEM：调用数据项；NAME：调用名称输入区；⬆ ▢ ▢ 这3个键没有使用，无意义。

3.1.4　操作专用键区

操作专用键区是专门为操作员进行流程图画面中对某一参数的操作而设置的键区，共有20个操作专用键，如图1-7所示。

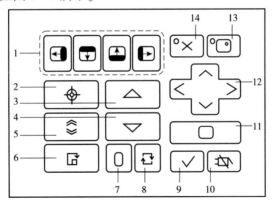

图1-7　操作专用键区

1—方向键区：从左至右四个带箭头的键用于趋势画面上时间轴和数据轴的卷动，滚动条上下左右移动；2—改变目标键：在可操作的数据项(如MV、SV)之间来回切换；3—数值上调键：增加数值；4—数值下调键：减少数值；5—数值快速调整键：配合数值上调键和数值下调键一起使用；6—串级模式切换键：将设备模式切换到串级模式；7—手动模式切换键：将设备模式切换到手动模式；8—自动模式切换键：将设备模式切换到自动模式；9—报警闪烁确认键：按下此键，报警画面闪烁停止；10—报警声音确认键：按下此键，报警声音停止；11—显示展开键：光标移动到某项操作前，按下展开键，即可显示此项的内容；12—光标移动键：光标上下左右移动；13—操作确认键：确认当前进行的操作，操作完成后按下此键操作开始执行；14—操作终止键：终止当前进行的操作

3.1.5 操作员键盘上钥匙位置

(1)工程师钥匙：可以切换至 ENGUSER、ONUSER、OFFUSER。

(2)班长钥匙：可以切换至 ONUSER、OFFUSER。

钥匙功能见表 1 - 32。

表 1 - 32　钥匙功能表

安全级别	钥匙位置	可操作范围
操作员方式	OFFUSER	进行普通操作，如压力、流量的设定
班长方式	ONUSER	可以对部分经定义的仪表数据进行确认及修改，如仪表校准模式、报警抑制等（包含操作员权限）
工程师方式	ENGUSER	可对系统进行组态、流程图绘制等操作（包含操作员及班长操作权限）

3.1.6 几点说明

(1)系统操作员键盘上的诸多功能键与操作显示屏幕上的相同操作块如：NAME、I-TEM、▢、▢、⊛、▢、⓪、▢、✓、▢、▽、▨、△、◈、▢、◠、▢、▢、▢、▢等具有相同的功能。

(2)键盘上的输入回车键 Enter 与数据输入键 ▢ 具有相同的功能。

3.2 DCS 操作界面

操作画面主要包括有：总貌、流程图、控制分组、细目、趋势及过程报警等画面。

本教材的操作图标适用于本系统的任何操作画面，包括屏幕上方任何画面都显示的 11 个操作图标、一个时间显示区、一个最新过程报警信息显示区，如图 1 - 8 所示。

上排（自左向右）：

(1)调用过程报警，点击该图标，可跳转至过程报警界面。

(2)调用系统报警，点击该图标，可跳转至系统报警界面。

(3)调用操作指导信息，点击该图标，可跳转至操作指导信息界面。

(4)监视器信息，点击该图标，将出现所有最新所有操作及报警信息。

(5)最新报警信息，滚动刷新，最多可显示三条。

(6)消音按钮，消除报警声。

(7)硬拷贝，连接至打印机，可直接打印出拷贝信息。

(8)管理员钥匙功能，同键盘钥匙功能。

左侧（自上向下）：

(1)总览工具盒。

(2)报警/关断复位按钮。

(3)预设菜单工具盒。

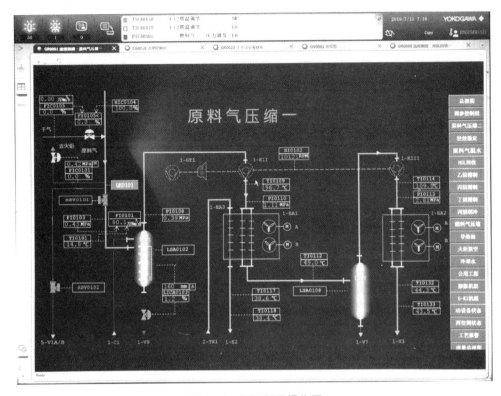

图 1 - 8　画面通用操作图

（4）工具按钮工具盒。

（5）名称输入工具盒。

下侧（自上向下）：

（1）第一排为各主控制单元。

（2）第二排为辅助单元和各单元控制组。

3.3　监视画面

CENTUM VP 系统的操作画面包括：报警信息窗口、操作指导窗口、总貌、控制组、调整、趋势及流程图等七类标准画面，操作人员就是通过这些画面对整个生产过程进行集中监视和操作的。

3.3.1　总貌画面

总貌画面又称总览画面或整体观察画面，可分别将流程图画面、控制组画面、趋势组画面等内容定义在一页总貌画面中，通过键盘光标键或鼠标选择，操作员可以很方便地向其他画面展开，如图 1 - 9 所示。

画面的调出：

（1）正常操作画面下，用鼠标选中［NAME］图标，输入画面名称（如 OV0001）。

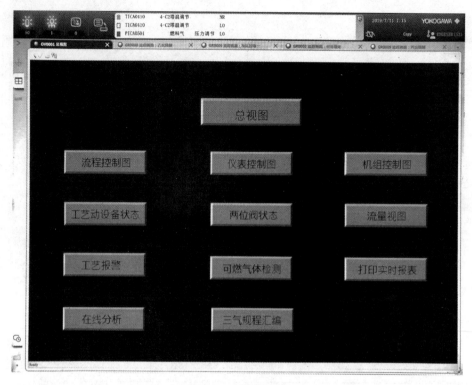

图 1-9　总貌画面

（2）在流程图画面下，操作人员可通过鼠标点击[总视图]调出画面。

3.3.2　控制组画面

控制组画面将系统中相关的最多16个内部回路图显示在一张画面上，并且可以对测量值（PV）、设定值（SV）、操作输出值（MV）和回路状态（CAS/AUT/MAN）等进行监视和操作，如图1-10所示。

内部回路面板图：内部回路图就是将控制单元所定义的内部回路用模拟图的形式表示出来，如回路图中设定值（SV）指针和操作输出值（MV）指针的颜色随回路状态而改变。手动（MAN）状态时，SV指针为黄色，MV指针为红色；自动（AUT）状态时，SV指针为红色，MV指针为黄色；在串级（CAS）或输出开路（OOP）时，这两个指针都为黄色。测量值棒图的颜色按位号的报警状态而改变。正常状态为绿色，校正状态为天蓝色；输入、输出开路，上下限报警时为红色，变化率异常时为黄色。

（1）控制分组画面的调出：

①在正常操作画面下，按　⊖　键即可调出控制组画面。

②选中操作窗口上方[NAME]键，输入画面名称"CG＊＊＊＊"（＊＊＊＊为画面页号），按即可调出相应控制组画面。

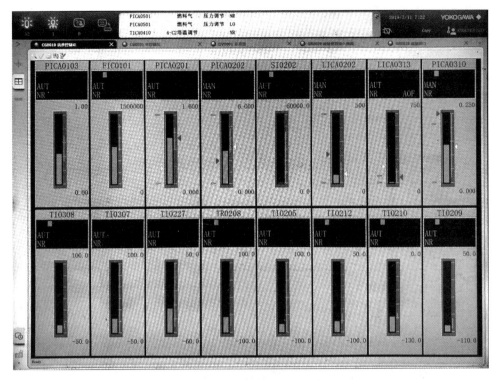

图1-10　控制组画面

（2）操作功能：

①从输入对话框操作：

a. 单击仪表盘调用数据输入对话框按钮（在仪表面板最下方的红方块处）。

b. 点击数据输入对话框上的[ITEM]按钮，选择要更改的数据项。

c. 在数据输入对话框的[DATA]上，输入更改数据，然后按[RETURN]键确认。

②从增加/减少操作对话框操作：

a. 用鼠标单击仪表面板设定值或输出控制值指针（MAN模式下可以改变输出控制值）。

b. 在出现的增加/减少操作对话框上，单击增加/减少按钮，改变数据。

c. 确认后，关闭对话框即可。

（3）改变块模式，如图1-11所示。

①单击块模式显示区（如AUT和MAN）。

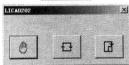

图1-11　回路面板图及过程量手动自动设置

②出现模式改变操作对话框。

③在改变块模式对话框中单击待改变的模式按钮。

④出现确认操作对话框，执行确认操作。

3.3.3 调整画面

调整画面显示单个回路的回路图、趋势记录和所有控制参数的位号数据。在不同的操作级别，可对不同类型的参数进行修改和调整。如图 1 – 12 所示。

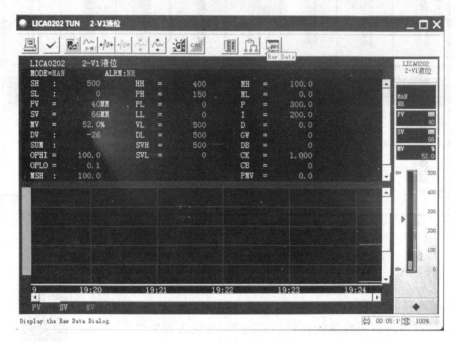

图 1 – 12 单个回路控制图

细目画面选择键(第一排自左向右)：1—屏幕拷贝；2—报警确认；3—保留趋势数据；4—趋势暂停；
5—趋势时间轴缩小；6—趋势时间轴放大；7—显示量程轴缩小；8—显示量程轴放大；
9—报警禁止；10—校正状态；11—操作标记；12—控制图示；13—原始数据

(1)画面的调出：

①在正常操作画面下按 ⇥ 键即可调出最后调出过的回路的调整画面。

②按操作画面上方 NAMC 键后，直接输入回路位号，按 ⟦⟧ 即可将回路面板调入屏幕左侧，再按 ⇥ 键可调出相应的调整画面。

③在正常操作画面上鼠标右键单击需要调出的回路，会弹出一个菜单，点击[Tuning]，也可调出相应调整画面，如图 1 – 13 所示。

(2)操作机能：

①回路状态变更：通过[MAN]键、[AUT]键、[CAS]键，可进行回路状态在手动、自动和串级方式的变更。

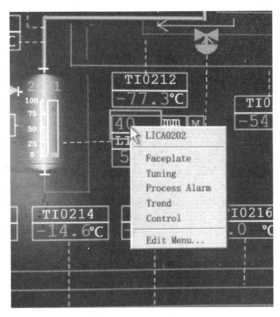

图 1-13 回路控制菜单

②数据变更：

①利用 ⟨✛⟩ 的上下左右箭头选择所要修改的控制参数输入键 ⌒ ，将该参数调入数据输入区，并键入新数据，即可完成数据变更。

②对于 SV 和 MV 值，还可以选中回路棒图上的设定或输出尖头，通过操作 ▽ 键、⟨⟨⟩ 键、△ 键及 ⊕ 键进行修改：在 AUT 状态下改变 SV 值；在 MAN 状态改变 MV 值。对于 PV 值，必须在 CAL 状态下进行校正。

3.3.4 趋势画面

趋势画面分为实时趋势和历史趋势，实时趋势可以分别记录 1s、5s、10s 等的过程数据，历史趋势可以分别记录 1min、5min 及 10min 等的过程数据。每页有若干个回路趋势，分别对应不同的颜色，每一种颜色代表一个回路的趋势。横向为时间轴，竖向为数据轴。每个回路的位号、说明及过程值在屏幕下侧显示，如图 1-14 所示。

画面调出：通过趋势画面可调调整画面、控制组画面等。

(1)在正常操作画面下，按[⟨⟩]键即可调出趋势画面。

(2)选中操作画面上[NAME]图标后，输入画面名称"TG＊＊＊＊"，＊＊＊＊为画面页号，按 ⌒ 键后可直接调出第＊＊＊＊页趋势画面。

(3)在流程画面上，鼠标双击该仪表工艺代号，弹出与其相关的趋势组，在趋势组中，双击该仪表工艺代号，即可调出趋势图。

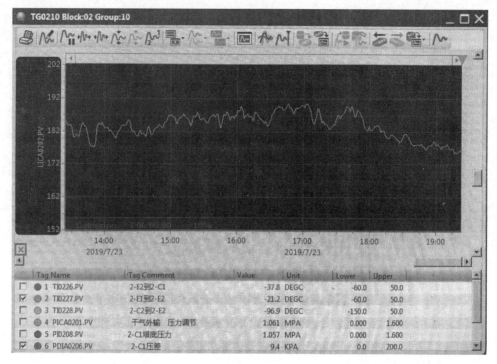

图 1 - 14　趋势画面

趋势画面选择键说明(第一排自左向右)：1—打印；2—趋势重新定义；3—停止/继续显示；4—时间轴缩减按钮；
5—时间轴放大按钮；6—数据轴缩减按钮；7—数据轴放大按钮；8—趋势笔序号显示；9—显示模式；
10—选择目标数据轴；11—引用显示；12—趋势点浏览；13—恢复初始显示；14—索引初始化；
15—趋势数据存储；16—趋势数据读取；17—停止/继续数据收集；18—开始收集数据；
19—上页趋势；20—下页趋势；21—读取长期趋势数据；22—趋势重播

3.3.5　流程图画面

流程图画面是将主要工艺流程与控制系统结合起来，形象、动态地显示生产与自控过程的画面，如图 1 - 15 所示。

(1)画面调出方式：

①在正常操作画面下，按 ⌸ 键即可调出流程图画面。

②按操作员键盘(1 区)对应的快捷功能键。

③键击操作画面上 NAMC 图标后，输入 GR **** 后按 ⓪ 可直接调出 GR **** 页流程图画面。

(2)流程图所能实现的功能：

①液位或界面跟随现场实际情况动态变化。

②在工艺流程图的上方，即操作画面上选中实时过程值图标后(过程值左侧显示绿色箭头)，双击或输入 ⓪，即可调出相应回路面板或数据输入块，点中该回路面板后可实现

手动、自动、串级、SV、MV 等数据更改或直接根据数据输入块输入数据进行调整。

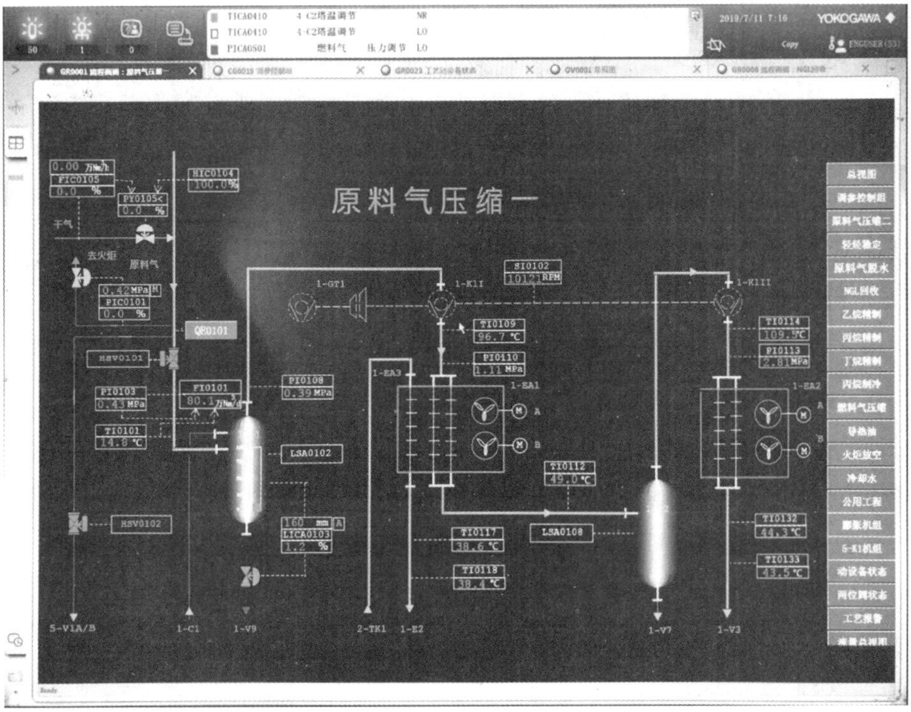

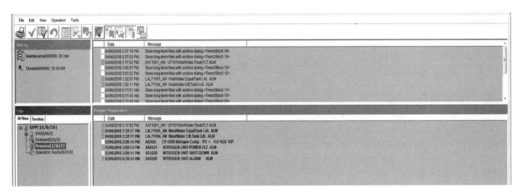

图 1–15 流程图画面

3.3.6 报警画面

报警画面包括安全仪表联锁报警信息、系统报警信息、过程报警信息和操作指导信息，如图 1–16 所示。

图 1–16 报警信息画面

报警画面工具框图标注释(自左向右)：1—打印；2—报警确认；3—确认所有报警；4—手动复位按钮；
5—开关报警查看；6—清除详细窗格；7—清除架；8—抑制；9—展示架构窗格；10—展示过滤窗格；
11—展示紧急事件浏览器窗格；12—展示细节窗格

(1)安全仪表系统报警信息：当现场发生仪表的联锁(ESD 联锁)信息时，所发出的报警现象叫作安全仪表系统报警，通知操作人员现场仪表的紧急联锁事件的发生和恢复，类型和内容是系统预设的，报警触发后通过声光报警、声音（喇叭）、LED 灯（专用键盘）、颜色变化来进行通知。

（2）系统报警信息：通知操作人员系统硬件和通信故障，报警的类型和内容通常是系统预设的。当系统发生硬件及通信错误时，可通过系统报警画面得到确认。报警信息最多200 条，超出以滚动方式刷新。系统报警画面分为以下几种情况：

①系统报警图标红色闪烁，表示报警发生但没被确认；系统报警图标红色无闪烁，表示报警发生但已被确认。

②报警信息级别说明：报警级别红色为系统故障信息，绿色为系统正常信息。

（3）过程报警信息：当过程参数超出报警上下线或出现异常时，所发出的报警现象叫作过程报警。此时报警声响，键盘及操作画面报警指示灯闪烁，通知操作人员过程异常的发生和恢复，类型和内容是预设的，报警触发后通过声光报警、声音（喇叭）、LED 灯（专用键盘）、颜色变化来进行通知。

（4）操作指导信息：说明回路位号重要度。HIS 操作站所显示和操作的各个回路位号，可以根据工艺及运行的要求划分为不同的重要级别，不同重要回路的回路在报警处理及操作上亦有所区别。

重要位号和一般位号：带空心方块为重要位号；不带空心方块为一般位号。

3.3.7　名词解释

OV ****：总貌画面　　　　HH：测量值高高报警
GR ****：流程图画面　　　PH：测量值高报警
CG ****：控制组画面　　　PL：测量值低报警
TG ****：趋势组画面　　　LL：测量值低低报警
PV：测量值　　　　　　　MH：输出值高报警
SUM：流量累计量　　　　ML：输出值低报警
SV：设定值　　　　　　　DL：偏差报警
MV：输出值　　　　　　　P：比例度
DV：设定与测量的偏差　　I：积分时间
SH：测量值量程上限　　　D：微分时间
SL：测量值量程下限　　　AUT：自动方式
OPHI：输出阀位量程上限　MAN：手动方式
OPLI：输出阀位量程下限　CAS：串级方式
MSH：输出阀位上限报警　NR：回路正常
MSL：输出阀位下限报警　IOP：输入开路

OOP：输出开路　　　　　　　　　　　AOF：报警抑制

CAL：测量值校正

4　操作要点

（1）在操作中会遇到一些分程控制的控制回路，例如在膨胀机正常运行时，可通过 PI-CA0202 的输出控制器喷嘴开度和膨胀机旁通 PSV0202 开度，当 PICA0202. MV < 50% 时，控制喷嘴开度，此时 PSV0202 全关；当 PICA0202. MV > 50% 时，喷嘴全开，控制 PSV0202 开度。在控制这些回路时，应确认好工艺流程需要，再进行操作。

（2）在 DCS 中保留了原中控室二次表的组合方式，可在总流程视图中的仪表控制图中选择想操作的单元，进行统筹操作。

（3）当进行关键操作和关键参数进行调整时，应在确认框中写明原因。

（4）操作人员不能对 HIS 系统状态进行更改，以免造成的 DCS 系统故障导致停机等事故。

（5）在进行 DCS 操作过程中，一定先进行操作前的确认，再进行操作，以免因误操作造成停机、放空等事故发生。

5　安全注意事项

（1）操作前检查机柜接地情况，以免在操作过程中发生触电事故。

（2）操作过程中应注意人员交替休息，防止长时间操作对眼睛的伤害。有条件的工厂应配备防辐射眼镜。

6　事故预防与应急处置

本项目选取的事故案例是操作站异常关机，其应急处置程序见表 1 – 33。

表 1 – 33　操作站异常关机应急处置

步骤	处置	负责人
事故发生	操作站异常关机	操作人员
应急处置措施	1. 利用另一台电脑进行正常的工艺操作； 2. 汇报值班仪表人员进行处置； 3. 故障修复后，操作人员使用操作员权限登录系统，进行修复后检查	班长
应急终止	处置完毕后，下达应急终止指令	班长

注意：必要时应利用工程师站电脑进行工艺操作，以免因操作不及时导致工厂停车。

7　拓展知识阅读推荐

[1]孟华. 化工仪表及自动化[M]. 第四版. 北京：化学工业出版社，2010.

第二单元　辅助装置操作

模块一　热油系统操作

1　项目简介

导热油系统广泛应用于石油化工工业中，给生产过程提供必要的热源。本项目以第三气体处理厂一期工程的热油系统为例进行讲解。第三气体处理厂一期工程是用燃气轮机(1-GT1)的烟道尾气加热热油，热油主要用户包括再生气加热器、伴热水加热器及分馏系统四台塔底再沸器。该系统包括燃机尾气热油换热器、两台热油泵、热油膨胀罐、热油排放罐和管网组成。

2　操作前准备

(1)穿戴好劳保用品：防静电服1套(工衣、工裤)、防静电工鞋1双、安全帽1顶、手套1双。

(2)准备工用具：防爆F扳手小号和中号各1把、对讲机1双。

(3)确认设备、流程运行正常。

3　操作步骤

3.1　系统投运前的准备

3.1.1　系统干燥

用氮气将系统的所有管线、容器、泵和换热器进行吹扫、干燥，以避免启动系统升温后，由于水分存在使热油鼓泡爆沸。

3.1.2　系统填充

(1)打开管线07024上阀门，将热油通过管线07024泵入热油排放罐(7-V2)，直至正常液位(热油总量约8t)之后，关闭管线07024上的阀门。

(2)通过管线07024用氮气向7-V2充压(约0.2MPa)，打开管线07020上的阀门，热油通过07020管线压到热油膨胀罐(7-V1)。

(3)导通流程，开热油泵(7-P1A/B)进口阀，部分开启出口阀，再开泵出口旁通阀，开压差调节阀(PDICA-0705)、TIC-0708，待热油循环稳定后，关泵旁通阀。

(4)打开补油阀HSV-0705，7-V1内热油靠重力自然流至各用户，热油从7-V1→管线07021→7-P1A/B入口→用户→管线07013→7-P1A/B进口。

(5)打开各部位低点排放阀，排放数分钟之后关闭。打开各重沸器、加热器的高位放空阀，排放后关闭。若7-V1液位下降，要补充液位，7-V1的操作液位大约为300mm。

3.2 热油系统启动

(1)启动循环泵7-P1A/B，注意观察电流表，慢慢打开7-P1出口阀，控制在额定电流的30%，进行循环。

(2)启动1-GT1后，控制1-GT1热气烟道挡板逐渐加热热油，当温度达到120℃时，维持此温度几小时，逐个打开用户脱乙烷塔重沸器(4-E1)、脱丙烷塔重沸器(4-E3)、稳定塔底重沸器(1-E1)、脱丁烷塔重沸器(4-E4)、丙烷蒸发器(1-E2)、热水循环加热器(7-E2)，将热油循环加热。开各部位的高点排放阀，热油中少量水分被蒸发进入7-V1顶部排向大气。

3.3 正常运行

(1)热油流动由流量调节器(FICA-0704)和压差调节器(PDICA-0705)控制，通过PY-0705低选，保证热油流量。

(2)按工艺顺序启动用户脱乙烷塔重沸器(4-E1)、脱丙烷塔重沸器(4-E3)、稳定塔底重沸器(1-E1)、脱丁烷塔重沸器(4-E4)、丙烷蒸发器(1-E2)，温控调节器(TICA-0703)达到设定值270℃时置"自动"，控制再生气加热器(1-E3)热油进口热量。

(3)温控器(TICA-0704)(设定在270℃)控制脱丙烷塔、脱丁烷塔底重沸器4-E3、4-E4热油进口。

(4)温控器(TICA-0705)(设定在240℃)控制稳定塔和脱乙烷塔底重沸器1-E1、4-E1热油进口热量。

(5)温控器(TICA-0708)(设定90℃)控制7-E2进口温度。

(6)在工厂正常运行期间，若7-V1液位降低，打开管线02056手动阀，引入火炬引导气，将热油从7-V2压到7-V1，补充热油，使7-V1液位稳定在300mm。

3.4 运行中的检查

(1)检查7-P1A/B运转情况，有无气堵。

(2)检查7-V1、7-V2液位，需要时补加热油。

(3)检查热油系统有无跑、冒、滴、漏。

(4)检查各部位加热情况是否满足生产需要。

4 操作要点

（1）热油系统务必在燃气轮机启动之前启动，以免 7 – E1 中热油结焦。

（2）通过管线 07024 对 7 – V2 充压时注意 7 – V2 压力，以免压力过高引起安全阀起跳。

（3）待系统填充完毕后，注意检查各低点排放阀和高位放空阀状态，应关闭；检查 7 – V1 液位，液位低应及时补充。

（4）启动时由于热油黏度大，热油出口应控制在较小的开度，以免电机负荷过大造成损坏。

（5）启动燃机后，打开烟道挡板逐渐给热油加热，加热到 120℃ 时，应维持几个小时，排出水蒸气。

（6）正常运行时，通过流量调节器 FICA – 0704 和压差调节器 PDICA – 0705 对热油流量进行控制，保证 7 – E1 中的热油流速，以免流速过慢导致结焦。

5 安全注意事项

（1）氮气干燥过程中不要进入 7 – V2 池中，以免发生窒息。

（2）操作过程中佩戴防烫手套，以免发生烫伤。

（3）作业过程中注意地面上的排污管线，以免在移动过程中绊倒摔伤。

6 突发事故应急处理

本项目选取的事故案例是导热油循环泵机封泄漏，其应急处置程序见表 2 – 1。

表 2 –1 导热油循环泵机封泄漏应急处置

步骤	处置	负责人
事故发生	导热油循环泵机封泄漏	操作人员
应急处置措施	1. 停运故障泵，切换至备用泵； 2. 切断故障泵流程，泄压； 3. 通知生产组，协调维修人员进行处置； 4. 维修完成后，恢复流程并试运	班长
应急终止	处置完毕后，下达应急终止指令	班长

注意：处理故障过程中防止被热油烫伤。

7 拓展知识阅读推荐

[1]GB/T17410—2008.有机热载体炉[S].北京：中国计划出版社，2008.

[2]吴卓娅.导热油系统的设计及使用[J].中国石油和化工标准与质量，2018(11)：164 – 165.

[3]李柏岩，蒋敬丰，杨承.M701F3 燃气轮机 TCA/FGH 废热空气余热利用研究[J].燃气轮机技术，2014(3)：8 – 13.

模块二 仪表风系统操作

1 项目简介

仪表风压缩机为全厂提供动力仪表风和工厂风。型号为 LS16－100H AC(空冷)24KT 寿力风冷螺杆空压机。系统由用户、螺杆空气压缩机、MPH－420 过滤器、SPR－400 干燥机、储气罐、管网组成。操作目的是实现机组安全平稳启动,并进入正常运行状态。

2 操作前准备

(1)穿戴好劳保用品:主要包括防静电服 1 套(工衣、工裤)、防静电工鞋 1 双、安全帽 1 顶、手套 1 双。

(2)准备相关操作工具:包括防爆 F 扳手小号、中号各 1 把,对讲机 1 双。

3 操作步骤

3.1 开机前准备工作

(1)检查电气接线应可靠。

(2)检查油位应在两个液位视镜之间,当液位低于下视镜 1/2 则需要补加润滑油。

(3)检查压缩机内部有无松动、漏油等现象。

(4)检查仪表风管路工艺流程正确。

(5)打开压缩机疏水阀。

3.2 压缩机运转

(1)压缩机、干燥器配电柜送电,检查压缩机设置参数及加载卸荷值是否正确。

(2)轻轻拉出紧急停机按钮(E－STOP)。

(3)给机组复位,检查压缩机面板所有报警指示灯是否正常。

(4)打开压缩机至干燥器连通阀,关闭干燥器出口排气阀。

(5)将干燥器控制盘按钮打到"ON"位置,手动启动压缩机给干燥器冲压并缓慢打开干燥器排气阀(严禁主机在 0.48MPa 压力下运行)。

(6)检查 P1(压缩机一级压力)、P2(压缩机二级压力)、T1(压缩机一级温度)、T2(压缩机二级温度)等参数是否在正常范围内,压缩机有无异常振动和噪音,检查干燥器控制气是否在 0.41MPa 左右,观察分离器回油视孔油流。

(7)待机组运转正常后,由手动模式转自动模式。

3.3 压缩机停车

控制系统在以下情况停机:分离罐压力高于卸载压力;排气温度高于 113℃(107℃报警);电机过载。

（1）待干燥器两罐压力平衡时，将干燥器控制面板按钮打到"OFF"位置，关闭排气阀。

（2）操作面板将压缩机处于手动模式。

（3）当压缩机处于卸载状态下按下停机按钮。

3.4　日常维护

（1）检查油位在正常范围内。

（2）检查控制管路过滤器及水气分离器排水情况。

（3）检查排气温度。

（4）检查空气过滤器是否清洁。

（5）目视压缩机各系统有无松动及跑、冒、滴、漏。

3.5　1000h 维护

（1）更换机油过滤器。

（2）添加润滑油。

（3）吹扫空气过滤器。

（4）检查电机润滑情况，添加埃索润滑脂。

3.6　8000h 维护

（1）更换油气分离器滤芯。

（2）更换空气过滤器滤芯。

（3）清洗电磁阀阀体。

（4）检查最小压力阀密封部件，必要时更换"O"形圈。

4　操作要点

（1）运行中密切观察油温，如果油温高于113℃，需对机体本身进行检查。

（2）对备用机进行泄压、排液处理，防止凝液倒流进备用机机体内部，打开出口排液阀，待气体出现时，关闭排液阀。

（3）观察法兰连接、油气分离器处有无气体或者润滑油泄漏。

5　安全注意事项

（1）不要让空气接触皮肤或者将气流对着人。

（2）运行过程中保持箱体的所有门关闭，只有在执行常规检查操作时方能打开。

（3）如果电动机已停机，但指示灯依旧亮着，不得触碰电动机，因为电动机可能自动启动造成人身伤害。

（4）进入机组区域应佩戴耳塞。

6　突发事故应急处理

本项目选取的事故案例是操作人员触电，其处置程序见表2－2。

表 2 - 2　操作人员触电突发事故应急处置措施

步骤	处置	负责人
事故发生	在操作过程中操作人员触电	操作人员
应急处置措施	1. 拉下电源开关；将脱离电源的触电者迅速移至通风干燥处仰卧，松开上衣和裤带； 2. 施行急救，及时通知厂外救护车，尽快送医院抢救； 3. 通知维修人员检查、维修漏电设备	班长
应急终止	处置完毕后，下达应急终止指令	班长

注意：在触电人员未脱离电源时，请勿直接用手触碰。

7　拓展知识阅读推荐

[1]LS16 - 100H　AC(空冷)24KT 寿力风冷螺杆空压机操作说明书.

[2]王飞. 活塞式空压机与螺杆式空压机使用比较[J]. 机械工程师，2012(08).

[3]李成. 螺杆式空压机常见故障及消除方法探究[J]. 科技创新与应用，2015(13).

模块三　供水系统操作

项目一　消防水系统操作

1　项目简介

消防水系统以天然气处理厂第三气体处理厂为例展开描述。装置区的消防系统担负着生产装置、储罐区及办公楼消防水的供给。系统设备及相关设施见表2-3。

表2-3　消防水系统设备及相关设施统计表

类型	设备/设施	位号	流量/(m³/h)	扬程/m	电机功率/kW	备注
动设备	电机驱动泵	12-P1	120	129	120	主泵
	引擎驱动泵	12-P2	120	129	120	备用泵
	多级增压泵	12-P3	5	130	4	补压泵
其他消防设施	消防栓	共61套，其中厂区40套，办公楼21套				
	固定高压消防炮	4套				
	消防管网	消防地下管网				
	喷淋水	装置区喷淋水、罐区喷淋水				

2　操作前准备

（1）穿戴好劳保用品：主要包括防静电服1套（工衣、工裤）、防静电工鞋1双、安全帽1顶、手套1双。

（2）准备相关操作工具：包括防爆F扳手小号、中号各1把，对讲机1双。

3　操作步骤

3.1　手动操作

3.1.1　12-P1开停

3.1.1.1　启动前准备检查

（1）检查控制柜已带电。

（2）检查润滑油油位正常。

（3）倒通12-P1进口阀和回流阀，同时微开出口阀。

3.1.1.2　手动启动

（1）推上主开关手把至"ON"位置，泵运行。

（2）根据现场使用情况，调整回流阀开度，保证泵出口压力维持在0.6~1.2MPa。

（3）紧急启动，按下并扭动紧急运行钮至"ON"位置。

3.1.1.3 手动停泵

（1）按下"STOP"按钮。

（2）紧急运行条件下，拉下主开关手把至"OFF"位置，扭动紧急运行钮至"OFF"位置，并释放。重新推上主开关手把，进入自动状态。

（3）关闭 12 - P1 进出口阀和回流阀。

3.1.2 12 - P2 开停

3.1.2.1 启动前准备检查

（1）检查 PLC 及控制面板是否带电、柴油油位是否正常。

（2）检查柴油机润滑油液位、冷却水箱液位、泵体油杯液位是否在正常范围内。

（3）确认柴油油箱球阀在开启状态、柴油电磁阀旁通阀在关闭状态。

（4）倒通 12 - P2 进口阀和回流阀，同时微开出口阀。

（5）打开柴油机冷却水旁通阀。

（6）确认控制柜启动开关在中间位置。

3.1.2.2 手动

（1）开关打在"手动"位置，按1路启动按钮或2路启动按钮，数秒启动柴油机。

（2）手动调节泵体出口阀，将出口压力调节在 0.6MPa 左右。

（3）打开 PLC 控制面板，检查柴油机润滑油压力、水压在正常范围内。

3.1.2.3 自动

（1）开关打在"自动"位置，柴油机根据流程压力自动启动1路电磁阀，若1路电磁阀启动不成功，则2路电磁阀启动，若2路电磁阀不启动，机组控制柜有启动报警信号。开关打在中间位置（"停止"位置）消除报警。

（2）手动调节泵体出口阀，将出口压力调节在 0.6MPa 左右。

（3）打开 PLC 控制面板，检查柴油机润滑油压力、水压在正常范围内。

3.1.2.4 停泵

（1）将启动开关打到"停止"位置。

（2）关闭泵体进出口阀、回流阀、冷却水旁通阀。

（3）注意事项：

①数次启动失败，检查柴油油路，并打开柴油供油电磁阀旁通阀重新启动。

②停电状态下，只要 PLC 面板带电，操作不变。

③紧急状态下可手动搬动1路或2路启动电磁阀直接启动柴油消防泵。

3.1.3 12 - P3 开停

（1）检查：确定控制盘已送电，泵进出口阀已在开启状态。

（2）启动：用钥匙扭动开关至"HAND"位。

（3）停止：用钥匙扭动开关至"O"位置，然后再扭至"AUTO"位置，同时关闭泵进出口阀。

3.2 自动操作

（1）将系统投自动，由 12 - P3 维持系统压力 0.7MPa。

（2）当管网压力降至 0.6MPa 时，12 - P1 自动启动。

（3）当管网压力继续降至 0.5MPa 时，12 - P2 自动启动；另外，当无电源时，管网压力降至 0.5MPa，12 - P2 也将启动。

（4）停泵时，12 - P1/2/3 在泵房手动停运。

3.3 日常巡检

（1）各泵的进出口阀保持常开，油位正常。

（2）柴油箱液位正常，蓄电池电压保持 (24 ± 1) V。

（3）控制盘无任何报警存在。

（4）消防罐储量应不少于 720m^3，即 LA1205 指示大于 7m。

（5）冬季水温应大于 4℃，否则应导通加热器流程，并启动 12 - P3 进行循环。

（6）每半个月进行系统自动功能试验。

4 操作要点

（1）消防系统中 12 - P1 作为主泵、12 - P2 作为备用泵、12 - P3 作为补压泵使用，通过调节泵的旁通回流阀调节消防系统压力。

（2）冬季消防罐储量应不少于 720m^3，即 LIA - 1205 指示大于 7m。

（3）冬季水温应不小于 4℃，否则应导通加热器流程。

（4）冬季温度低于 0℃时，关闭所用泵的进出口，将系统中的水排放干净避免冻堵管线，当温度高于 0℃以上，可以投用。

（5）罐区需供应消防水时，应打开连通阀，通知罐区关闭罐区消防水泵进出口阀。

5 安全注意事项

（1）泵为"自动"状态时，请勿触碰任何旋转件，以免造成伤害。

（2）发动机排气管温度高达 400℃，请勿触碰。

（3）检查皮带时，请将发动机处于"停止"位置。

（4）启动发动机时请带上耳罩、耳塞等防护用品。

6 突发事故应急处理

本项目选取的事故案例是管网压力低发动机不能自启，其应急处置程序见表 2 - 4。

表 2 - 4　管网压力低发动机不能自启应急处置措施

步骤	处置	负责人
事故发生	在管网压力低于 7.0bar 以下时，发动机没有自启	操作人员
应急处置措施	1. 操作人员立即进入现场按下紧急启动按钮(不可松开，绝不可断续地松开又按下)直到柴油机启动成功； 2. 维修人员对发动机以及辅助设施进行检查及维修	班长
应急终止	处置完毕后，下达应急终止指令	班长

注意：1. 消防泵在自动状态下随时可能自启，如要检查或者维修时，确保泵在停止位置；
　　　2. 在按下紧急启动按钮后不可松开，决不可断续地松开又按下，直到柴油机启动成功。

7　拓展知识阅读推荐

[1] [德] Dieter - Heinz Hellmann. 离心泵大全[M]. 北京：清华大学出版社，2014.

项目二　冷却水系统操作

1　项目简介

冷却水系统为全厂机械润滑油冷却器提供所需的冷负荷，系统用户包括：1 - K1、2 - TK1、3 - K1、5 - K1A/B。系统由用户、11 - P1A/B 循环泵、11 - E1A/B 冷却风扇、高位罐、管网组成。冷却介质为乙二醇和水组成的混合物，可以在工厂停运时抵御 0℃ 以下的环境温度。此项操作目的为投用冷却水系统，并进入正常运行状态。

2　操作前准备

(1)穿戴好劳动保护用品，主要包括防静电服 1 套(工衣、工裤)、防静电工鞋 1 双、安全帽 1 顶、手套 1 双。

(2)准备相关操作工具。包括防爆 F 扳手小号和中号各 1 把、对讲机 1 双。

(3)对冷却水系统流程进行检查，确保流程正确。

3　操作步骤

3.1　操作

(1)启动前，导通用户流程，系统充填水和乙二醇混合物至高位罐溢流。

(2)启动循环水泵，系统用户运行后启动空冷器降温循环。

(3)保持整个系统流体恒温、恒流。

3.2　日常维护

(1)及时补充系统混合液，保持系统流量。

(2)循环泵入口过滤器每 6 个月清洗一次。

(3)循环泵油杯油位正常。

（4）杜绝人为泄漏。

4　操作要点

（1）循环水流量（FICA - 1101）保持在 45m³/h。

（2）循环水泵入口压力保持在大于 0.10MPa。

（3）循环水流温度（TICA - 1102）保持在小于 50℃。

（4）高位罐液位（LI - 1101）保持在 80%。

（5）循环泵出口压力保持在 0.35MPa 以上。

5　安全注意事项

（1）乙二醇具有毒性，避免皮肤接触、口服或吸入。

（2）避免接触泵体转动部位，以免发生机械伤害。

6　突发事故应急处理

本项目选取的事故案例是循环水泄漏，其应急处置措施见表 2 - 5。

表 2 - 5　循环水泄漏突发事故应急处置措施

步骤	处置	负责人
事故发生	循环水泄漏	操作工
现场发现泄漏	迅速关闭泄漏点前后截止阀门	操作工
报告	向当班班长及值班调度汇报	操作工
	调度立即通知维保人员	调度
应急处置措施	在维保人员未到达现场前，班长立即组织人员对泄漏点实施监控	班长
	维保人员到达现场组织抢修	维保人员
应急终止	维修完毕并试漏合格后，向调度汇报应急终止	班长

7　拓展知识阅读推荐

[1] 1 - K1 机组说明书.

[2] 2 - TK1 机组说明书.

[3] 3 - K1 机组说明书.

[4] 关醒凡. 现代泵理论与设计[M]. 北京：中国宇航出版社，2011.

[5] [德] Dieter - Heinz Hellmann. 离心泵大全[M]. 北京：清华大学出版社，2014.

项目三　热水系统操作

1　项目简介

本系统用于建筑物采暖，是密闭的循环系统。系统的热源有两个：①7 - E2 热油加热器；②具有燃气和柴油双燃料的热水锅炉 9 - B1。正常情况下，系统通过 7 - E2 加热循环水，通过调节热油的进油量控制循环热水温度，当工厂停机时则通过备用锅炉9－B1对循环热水进行加热，热水通过循环水泵9－P1A/B输送至用户，然后返回加热器进行循环。此项操作目的是实现机组安全平稳启动，并进入正常运行状态。

2　操作前准备

(1)穿戴好劳动保护用品：主要包括防静电服1套(工衣、工裤)、防静电工鞋1双、安全帽1顶、手套1双。

(2)准备相关操作工具：包括防爆F扳手小号和中号各1把、对讲机1双。

3　操作步骤

3.1　启动

(1)检查系统管路畅通。

(2)通过饮用水系统给本系统加水至循环泵出口压力达到0.35MPa。

(3)慢开7－E2热油进出口阀，将循环热水温度(TICA－0708)加热至85℃左右。

(4)若工厂处于停机状态，则导通9－B1进出口流程，切断7－E2。

(5)启动9－B1对系统进行加热，将循环热水温度(TICA－0708)加热至85℃左右。

3.2　停运

(1)工厂停机后24h，切断7－E2或停运9－B1并切断流程。

(2)停9－P1A/B循环水泵，若气温接近冰点，则将系统内水排出，并用N_2吹扫管网。

3.3　日常巡检及维护保养

(1)TICA－0708显示大于65℃，低于85℃。

(2)循环压力PICA－0901显示0.25～0.35MPa。

(3)泵油杯油位正常，无异常响声。

(4)巡查系统有无漏、滴现象，若有则及时汇报并处理。

3.4　备用锅炉9－B1操作

3.4.1　启动前的准备

(1)导通9－B1进出口流程，切断7－E2进出口，9－P1A/B运行正常。

(2)复位9－B1低压，低液位开关。

(3)选择燃料：天然气或柴油。

(4)打开热蒸汽旁通阀。

(5)打开烟道挡板至"open"位置。

(6)混合比调整开关到"open"位置。

(7)回流混合泵扭至"auto"位置。

(8)调整天然气供气压力为0.3～0.7MPa。

3.4.2 启动

(1)扭动控制开关到"operation"位置,锅炉进行如下动作:扫描→吹扫→检测→点火。

(2)当小火操作 8~10min 后,operation 灯明亮,扭动控制开关至"step2"位置。

(3)扭动烟道挡板开关,混合比调整开关至"auto"位置,锅炉进入正常运行。

3.4.3 运行中巡检及操作

(1)热水出口温度为 80~90℃。

(2)循环水泵压力为 0.25~0.35MPa。

(3)启动检查备用泵能否正常投入使用。

(4)安全阀能否按设计压力开启、关闭。

(5)压力显示仪表是否正常。

(6)检查各人孔、手孔、视孔、法兰等之间连接是否可靠。

(7)一般出现的燃料气失调报警可通过调整供气压力得到解决,扭动自动解除封锁开关。

(8)锅炉失调则应通过专业人士进行调整、清扫等。

3.4.4 停炉

(1)扭动控制开关从"stop"到"off"位置。

(2)几分钟后扭烟道挡板,混合比调整开关到"closed"位置。

(3)扭回流混合泵开关到"O"位置。

(4)燃料选择开关拨到"O"位置。

(5)扭动主供电开关到"off"位置。

(6)关进出口阀,排水。

4 操作要点

(1)柴油液位足够,油泵入口过滤器每六个月清洗一次。

(2)使用 7-E2 时,9-B1 必须切断并排空。

(3)泵入口过滤器每六个月清洗一次。

(4)循环压力低时要及时补充水。

(5)每一年检查一次锅炉结垢情况,大于 1mm 时需清洗。

5 安全注意事项

(1)油泵入口过滤器清洗时应使用防爆工具。

(2)启炉过程中不得随意触碰控制按钮。

(3)启炉过程中出现程序终止,要先打开风机进行炉体和烟道吹扫,再进行故障排查。

6　突发事故应急处理

本项目选取的 9 – B1 锅炉回火事故，其处置程序见表 2 – 6。

表 2 – 6　锅炉回火突发事故应急处置措施

步骤	处置	负责人
现场发现回火	现场发现 9 – B1 存在回火现象	操作工
报告	向当班班长及中控室汇报	操作工
	向调度及时汇报情况	班长
应急处置措施	1. 中控将主燃料气控制阀逐步关小； 2. 在维保人员未到达现场前，班长立即组织人员对回火现象实施监控； 3. 维保人员到现场，实施应急调整； 4. 如果回火现象继续存在，则组织停加热炉	班长 维保人员
应急终止	处置完毕后，应急终止	班长

7　拓展知识阅读推荐

[1]周强泰. 锅炉原理[M]. 北京：中国电力出版社，2013.

项目四　软化水系统

1　项目简介

软化水系统采用离子交换原理，去除水中的钙、镁等结垢离子。设备有：锰砂罐、两台过滤器、两台钠离子交换罐、两台再生盐箱对钠离子交换树脂进行再生、一台软水储存罐。此项操作主要目的是实现机组安全平稳启动，并进入正常运行状态。

2　操作前准备

(1)穿戴好劳动保护用品：主要包括防静电服 1 套(工衣、工裤)、防静电工鞋 1 双、安全帽 1 顶、手套 1 双。

(2)准备相关操作工具：包括防爆 F 扳手小号和中号各 1 把、对讲机 1 双。

3　操作步骤

3.1　投运前检查

(1)检查水、电供给正常，设备无跑、冒、滴、漏，阀门、仪表控制阀及其他附件灵活好用。

(2)检查锰砂罐出口阀、过滤器、钠离子交换器进出口阀、排污阀处于开位。

(3)再生盐箱加盐，确保盐水处于饱和状态。

3.2　投运

(1)缓慢打开原水入口阀至20%开度，观察过滤器上的压力表应大于0.15MPa。

(2)检查供电系统正常投运。

(3)给1#、2#树脂罐、锰砂罐控制阀送电。

(4)手动拨动锰砂罐控制阀旋钮，对锰砂进行冲洗，正反冲各10min。

(5)1#树脂罐为自动控制(按程序设定自动运行)。

(6)2#树脂罐控制阀为手动控制操作如下：将控制阀旋钮转至"0"位置，此罐开始再生，顺序为：反洗－吸盐－正洗－注水，完成后控制阀旋钮应旋转至104，再生程序结束，2#树脂罐进入工作状态。

(7)树脂罐生产出的软化水通过出口阀直接进入软水罐，先进行排放，待水质化验合格后方可关闭排放阀储水。

3.3　停运

(1)切断1#、2#树脂罐、锰砂罐控制阀电源。

(2)关闭原水进口阀。

(3)切断电源箱总电源。

(4)排放软水储存罐，保证清洁，冬季注意防冻。

4　操作要点

(1)操作时注意"先停电再停水，先开水再送电"。

(2)过滤器应3~6个月更换一次滤芯。

(3)开进水阀时应保证开度由小到大，不可开启太快，以免流失树脂。

(4)注意检查盐罐，应始终保持有足够的固体NaCl，以维持食盐水饱和，保证每次再生周期所用的盐量。

(5)最初运行阶段，应加强水质化验监测。

(6)2#树脂罐由于手动控制，注意保证每次再生使用周期控制在24h。

(7)长期停用时，注意钠离子树脂应浸泡在水里，冬季保证温度≥0℃，夏季注意每月产水一次，防止树脂变质失效。

5　安全注意事项

(1)停机操作时应"先停电再停水，先开水再送电"。

(2)冬季停机后应排尽系统内的水，防止冻堵。

6　突发事故应急处理

本项目选取的事故案例是软水泄漏，其应急处置程序见表2-7。

表2－7　软水泄漏事故应急处置预案

步骤	处置	负责人
现场发现泄漏	迅速关闭泄漏点前后截止阀门	操作工
报告	向当班班长及值班调度汇报	操作工
	调度立即通知维保人员	调度
应急处置措施	在维保人员未到达现场前，班长立即组织人员对泄漏点实施监控	班长
	维保人员到达现场组织抢修	维保人员
应急终止	维修完毕并试漏合格后，向调度汇报应急终止	班长

7　拓展知识阅读推荐

[1]赵国华，童忠东. 原水预处理和后处理新技术与新工艺[M]. 北京：化学工业出版社，2012.

第三单元　罐区操作

模块一　罐区工艺系统操作

项目一　产品进罐操作

1　项目简介

装置的产品进罐操作。

2　操作前准备

(1)劳保着装：包括防静电服1套(工衣、工裤)、防静电工鞋1双、安全帽1顶、手套1双。

(2)准备相关操作工具：主要包括防爆F扳手小号和中号各1把、对讲机1双。

(3)确认设备、流程运行正常。

3　操作步骤

3.1　装置戊烷油进罐

缓慢打开戊烷油进罐阀组处产品进料阀门，打开装置戊烷油进罐管线的进口球阀，产品进罐，缓慢关闭戊烷油外输阀组处(主管线、旁通管线、备用管线)阀门、装置戊烷油进料阀组处直接外输阀门。

3.2　装置丁烷进罐

缓慢打开丁烷进罐阀组处产品进料阀门，打开丁烷进罐管线的进口球阀，产品进罐，缓慢关闭丁烷外输阀组处(主管线上、旁通管线、备用管线)阀门、装置丁烷进料阀组处直接外输阀门。

3.3　装置丙烷进罐

缓慢打开丙烷进罐阀组处产品进料阀，打开装置丙烷进罐管线的进口球阀，产品进罐，缓慢关闭丙烷外输阀组处(主管线、旁通管线、备用管线)阀门、装置丙烷进料阀组处直接外输阀门。

3.4　装置正丁烷进罐

打开 5#或 6#、7#罐底部正丁烷进罐阀门,从分馏塔内自压而来的正丁烷将进罐,其速度较慢,塔内压力在 0.8MPa 左右。

3.5　异丁烷进罐

打开 17#或 18#罐底部异丁烷进罐阀门,从分馏塔内自压而来的异丁烷将进罐,其速度较慢。

4　操作要点

(1)罐区操作要慢开慢关。

(2)储罐运行参数要在规定范围内,防止出现超温、超压、超液位情况出现。

(3)要注意核对流程,防止倒错流程情况发生。

(4)要注意防止串罐。

5　安全注意事项

(1)工作期间严格按照安全操作标准实施,不得酒后上岗,相互之间不得打闹。

(2)进入作业区必须按劳保要求着装,携带防爆工具。在对储罐进行作业时,要先触摸扶梯上的静电释放装置,将身体上的静电进行释放,释放无静电后方可开始进行操作。

6　突发事故应急处理

本项目选取的事故案例为进罐产品泄漏事故,其应急处置程序见表 3-1。

表 3-1　进罐产品发生泄漏应急处置程序

步骤	处　　置	负责人
事故发生	进罐产品发生泄漏	操作人员
应急处置措施	1. 对泄漏部位进行紧急关断; 2. 放空泄压; 3. 汇报; 4. 根据事故情况进一步处置	班长
应急终止	处置完毕后,下达应急终止指令	班长

注意:若事故不可控,在采取必要措施后可以撤离现场。

7　拓展知识阅读推荐

[1]戴静君,董正远,田野. 油气集输[M]. 北京:石油工业出版社,2012.

项目二　产品不进罐外输

1　项目简介

装置产品不进罐直接外输操作。

2 操作前准备

(1)劳保着装:包括防静电服 1 套(工衣、工裤)、防静电工鞋 1 双、安全帽 1 顶、手套 1 双。

(2)准备相关操作工具。主要包括防爆 F 扳手小号和中号各 1 把、对讲机 1 双。

(3)确认设备、流程运行正常。

3 操作步骤

3.1 装置戊烷油直接外输

缓慢打开戊烷油外输阀组处(主管线、旁通管线、备用管线)阀门、装置戊烷油进料阀组处直接外输阀门;缓慢关闭装置戊烷油进罐阀组处产品进料阀门,关闭装置戊烷油进罐管线的进口球阀。

3.2 装置丁烷直接外输

缓慢打开丁烷外输阀组处(主管线、旁通管线、备用管线)阀门、装置丁烷进料阀组处直接外输阀门;缓慢关闭装置丁烷进料阀组处产品进料阀门,关闭装置丁烷进罐管线的进口球阀。

3.3 装置丙烷直接外输

缓慢打开丙烷外输阀组处(主管线、旁通管线、备用管线)阀门、装置丙烷进料阀组处直接外输阀门;缓慢关闭装置丙烷进料阀组处产品进料阀门,关闭装置丙烷进罐管线的进口球阀。

3.4 装置乙烷外输

从装置乙烷出口走三转子流量计,经计量去中原乙烯(中国石化中原石油化工有限责任公司,习惯上称为中原乙烯)。若在流量计修理、校验过程中,通过中控室流量计算机计量,走乙烷旁通外输到中原乙烯。

4 操作要点

(1)流程操作要慢开慢关。

(2)产品外输前要与接收单位做好沟通。

(3)外输操作要重点关注产品质量及外输管线压力。

(4)外输操作要注意观察外输罐液位。

5 安全注意事项

(1)开关阀门时不能正对阀门操作。

(2)进入作业区必须按要求劳保着装,携带防爆工具。

6 突发事故应急处理

本项目选取的事故案例为外输产品泄漏事故,其应急处置程序见表 3 - 2。

表 3－2　外输产品泄漏事故应急处置程序

步骤	处置	负责人
事故发生	产品发生泄漏	操作人员
应急处置措施	1. 对泄漏部位进行紧急关断； 2. 放空泄压； 3. 汇报； 4. 根据事故情况进一步处置	班长
应急终止	处置完毕后，下达应急终止指令	班长

注意：若事故不可控，在采取必要措施后可以撤离现场。

7　拓展知识阅读推荐

[1]戴静君，董正远，田野.油气集输[M].北京：石油工业出版社，2012.

项目三　罐内产品外输

1　项目简介

装置产品进罐后外输操作。

2　操作前准备

(1)劳保着装：包括防静电服 1 套(工衣、工裤)、防静电工鞋 1 双、安全帽 1 顶、手套 1 双。

(2)准备相关操作工具：主要包括防爆 F 扳手小号和中号各 1 把、对讲机 1 双。

(3)确认设备、流程运行正常。

3　操作步骤

3.1　戊烷油外输

(1)打开戊烷油外输罐的出口阀门。

(2)打开泵入口阀门。

(3)打开泵的回流阀，同时打开作业罐的回流阀。

(4)启动戊烷油泵。

(5)待泵转速达到正常后，缓慢打开戊烷油泵出口。

(6)缓慢关闭回流阀。

(7)外输完毕后液位不应低于 15%，停泵，关闭流程，记录参数。

3.2　丙烷、丁烷外输

(1)打开丙烷、丁烷外输罐的出口阀门。

(2)打开丙烷、丁烷外输泵的入口阀门。

(3)打开丙烷、丁烷泵的回流阀，同时打开作业罐的液相回流阀。

（4）启动丙烷、丁烷泵。

（5）待泵转速达到正常后，缓慢打开泵出口阀门。

（6）缓慢关闭回流阀。

（7）外输完毕后液位不应低于15%，停泵，关闭流程，记录参数。

3.3 正丁烷外输

（1）缓慢打开外输罐的出口管线上的球阀。

（2）打开出口管线上的正丁烷外输泵入口阀门。

（3）启动正丁烷泵。

（4）待泵转速达到正常后，缓慢打开泵出口。

（5）外输完毕后液位不应低于15%，停泵，关闭流程，记录参数。

3.4 异丁烷外输

（1）缓慢打开外输罐的出口管线上的球阀。

（2）打开出口管线上的异丁烷外输泵入口阀门。

（3）打开泵回流进罐管线上的异丁烷泵的回流阀，同时打开作业罐的液相回流阀。

（4）启动异丁烷泵。

（5）待泵转速达到正常后，缓慢打开泵出口。

（6）缓慢关闭回流阀。

（7）外输完毕后液位不应低于15%，停泵，关闭流程，记录参数。

4 操作要点

（1）罐区操作要慢开慢关。

（2）储罐运行参数要在规定范围内，防止超温、超压、超液位情况出现。

（3）启停泵操作时，要按照启停泵操作规程要求进行操作。

（4）产品外输前要与接收单位做好沟通。

（5）外输过程中要注意观察外输管线压力。

5 安全注意事项

（1）工作期间严格按照安全操作标准实施，不得酒后上岗。

（2）进入作业区必须按要求劳保着装，携带防爆工具。在对储罐进行作业时，要先触摸扶梯上的静电释放装置，将身体上的静电进行释放，释放无静电后方可开始进行操作。

（3）开关阀门时不能正对阀门操作。

6 突发事故应急处理

本项目选取的事故案例是储罐内产品泄漏事故，其应急处置程序见表3－3。

表3-3　储罐内产品发生泄漏应急处置预案

步骤	处置	负责人
事故发生	产品发生泄漏	操作人员
应急处置措施	1. 对泄漏部位进行紧急关断； 2. 放空泄压； 3. 汇报； 4. 根据事故情况进一步处置	班长
应急终止	处置完毕后，下达应急终止指令	班长

注意：若事故不可控，在采取必要措施后可以撤离现场。

7　拓展知识阅读推荐

[1]戴静君，董正远，田野. 油气集输[M]. 北京：石油工业出版社，2012.

项目四　罐内产品装车销售

1　项目简介

装置产品进罐后装车销售操作。

2　操作前准备

(1)劳保着装：包括防静电服1套(工衣、工裤)、防静电工鞋1双、安全帽1顶、手套1双。

(2)准备相关操作工具：主要包括防爆F扳手小号和中号各1把、对讲机1双。

(3)确认设备、流程运行正常。

3　操作步骤

3.1　戊烷油装车

戊烷油外输管线无法外输时，给戊烷油罐加压到0.3~0.5MPa。可用装车软管进行装车，通常情况下，戊烷油不进行装车销售。

3.2　正丁烷装车

(1)正丁烷泵启泵前，应打开装车场的液相回流阀。

(2)打开5#或6#、7#罐上的装车气相回流入口阀。

(3)打开回流管线上的球阀。

(4)启动正丁烷泵，装车人员可进行装车销售。

3.3　异丁烷装车

(1)异丁烷泵启泵前，应打开装车场的液相回流阀。

(2)打开17#或18#罐上的装车气相回流入口阀。

(3)打开回流管线上的球阀。

（4）启动异丁烷泵，装车人员可进行装车销售。

3.4　丙烷、丁烷装车

（1）丁烷装车时，走外输流程，确保关闭去轻烃站外输阀门。启泵前，打开丁烷装车阀，打开外输罐出口阀、液相回流阀，打开装车场上的液相回流阀，打开8#或9#罐上的装车气相回流入口阀，启动丁烷泵后装车销售。

（2）丙烷装车时，走外输流程，确保关闭去轻烃站外输阀门。启泵前，打开丙烷装车阀，打开外输罐出口阀、液相回流阀，打开装车场上的液相回流阀，打开15#或16#罐上的装车气相回流入口阀，启动丙烷泵后装车销售。

4　操作要点

（1）罐区操作要慢开慢关。

（2）储罐运行参数要在规定范围内，防止超温、超压、超液位情况出现。

（3）启停泵操作时，要按照启停泵操作规程要求进行操作。

（4）产品充装要按照充装操作规程要求进行操作。

（5）作业前要与装车班组加强沟通协调。

5　安全注意事项

（1）工作期间严格按照安全操作标准实施，不得酒后上岗。

（2）进入作业区必须按劳保要求着装，携带防爆工具。在对储罐进行作业时，要先触摸扶梯上的静电释放装置，将身体上的静电进行释放，释放无静电后方可开始进行操作。

6　突发事故应急处理

本项目选取的事故案例是装车产品泄漏事故，其应急处置程序见表3-4。

表3-4　装车产品发生泄漏应急处置预案

步骤	处置	负责人
事故发生	装车产品发生泄漏	操作人员
应急处置措施	1. 对泄漏部位进行紧急关断； 2. 放空泄压； 3. 汇报； 4. 根据事故情况进一步处置	班长
应急终止	处置完毕后，下达应急终止指令	班长

注意：若事故不可控，在采取必要措施后可以撤离现场。

7　拓展知识阅读推荐

[1]戴静君，董正远，田野．油气集输[M]．北京：石油工业出版社，2012．

[2]陈世亮，董为勇．屏蔽泵的结构特点及关键技术[J]．通用机械，2005（7）：22-24．

[3]邓雄，蒋宏业，梁光川. 油气储运设备[M]. 石油工业出版社，2017.

项目五　倒罐操作

1　项目简介

装置产品进罐后倒罐操作。

2　操作前准备

(1)劳保着装：包括防静电服 1 套(工衣、工裤)、防静电工鞋 1 双、安全帽 1 顶、手套 1 双。

(2)准备相关操作工具：主要包括防爆 F 扳手小号和中号各 1 把、对讲机 1 双。

(3)确认设备、流程运行正常。

3　操作步骤

3.1　正常倒罐

正常生产进行倒罐作业时，缓慢打开倒入罐的进口阀，关闭原进罐的进口阀，记录储罐的压力、温度、液位。

3.2　非正常倒罐

储罐发生泄漏或罐的根部球阀或气动球阀损坏时，只能用动力注水管线进行倒罐，倒入紧急备用罐(压差越大，倒罐速度越快)。戊烷油罐可用干气加压加速倒罐；丙烷、丁烷、正丁烷可用压缩机抽气加压或干气加压加速倒罐，对倒入罐可采取紧急放空以保持或加大压差。

4　操作要点

(1)罐区操作要慢开慢关。

(2)储罐运行参数要在规定范围内，防止超温、超压、超液位情况出现。

(3)倒罐操作要先开后关。

5　安全注意事项

(1)工作期间严格按照安全操作标准实施，不得酒后上岗。

(2)进入作业区必须按要求劳保着装，携带防爆工具。在对储罐进行作业时，要先触摸扶梯上的静电释放装置，将身体上的静电进行释放，释放无静电后方可开始进行操作。

(3)开关阀门时不能正对阀门操作。

6　突发事故应急处理

本项目选取的事故案例是倒罐过程中发生产品泄漏，其应急处置程序见表 3 - 5。

表 3-5　倒罐过程中发生产品泄漏应急处置程序

步骤	处置	负责人
事故发生	倒罐过程中发生产品泄漏	操作人员
应急处置措施	1. 对泄漏部位进行紧急关断； 2. 放空泄压； 3. 汇报； 4. 根据事故情况进一步处置	班长
应急终止	处置完毕后，下达应急终止指令	班长

注意：若事故不可控，在采取必要措施后可以撤离现场。

7 拓展知识阅读推荐

[1] 戴静君，董正远，田野. 油气集输[M]. 北京：石油工业出版社，2012.

[2] 邓雄，蒋宏业，梁光川. 油气储运设备[M]. 北京：石油工业出版社，2017.

项目六　储罐补压

1 项目简介

当各外输泵的罐压头不足时，可采取补压措施。

2 操作前准备

(1)劳保着装：包括防静电服 1 套(工衣、工裤)、防静电工鞋 1 双、安全帽 1 顶、手套 1 双。

(2)准备相关操作工具：主要包括防爆 F 扳手小号和中号各 1 把、对讲机 1 双。

(3)确认设备、流程运行正常。

3 操作步骤

3.1　戊烷油罐用干气补压

在用干气补压时，若 $1m^3$(标准状态)的天然气中 C_5 以上重烃液体含量超过 $13.5g/m^3$ 时，不适宜用干气加压。

3.2　丙烷、丁烷可采用压缩机抽取同类介质补压

丙烷、丁烷的抽气加压是独立的，在分离器西面设立了两个抽气加压阀组；南面抽气加压阀组，自北至南依次是加压汇管、丁烷加压、丙烷加压、丙烷抽气、丁烷抽气、抽气汇管；北面抽气加压阀组，自北至南依次是抽气汇管、丁烷抽气、丙烷抽气、丙烷加压、丁烷加压、加压汇管。也可采用从入口分离器处用抽气流程进行干气加压，分离器的底部排污管线和丁烷回流管线相连。严禁丙烷、丁烷相互窜压。

4 操作要点

(1)罐区操作要慢开慢关。

（2）储罐运行参数要在规定范围内，防止超温、超压、超液位情况出现。

（3）启停压缩机操作时，要按照启停压缩机操作规程要求进行操作。

（4）补压过程中要重点关注被增压罐的压力，防止压力过高。

5　安全注意事项

（1）工作期间严格按照安全操作标准实施，开关阀门时不能正对阀门操作。

（2）进入作业区必须按要求劳保着装，携带防爆工具。在对储罐进行作业时，要先触摸扶梯上的静电释放装置，将身体上的静电进行释放，释放无静电时方可开始进行操作。

6　突发事故应急处理

本项目选取的事故案例是储罐补压过程中发生产品泄漏，其应急处置程序见表3-6。

表3-6　储罐补压过程中发生产品泄漏应急处置程序

步骤	处置	负责人
事故发生	储罐补压过程中发生产品泄漏	操作人员
应急处置措施	1. 对泄漏部位进行紧急关断； 2. 放空泄压； 3. 汇报； 4. 根据事故情况进一步处置	班长
应急终止	处置完毕后，下达应急终止指令	班长

注意：若事故不可控，在采取必要措施后可以撤离现场。

7　拓展知识阅读推荐

［1］戴静君，董正远，田野．油气集输［M］．北京：石油工业出版社，2012.

［2］邓雄，蒋宏业，梁光川．油气储运设备［M］．北京：石油工业出版社，2017.

项目七　储罐排污

1　项目简介

装置产品进罐后储罐排污操作（如产品中不含水或杂质，可不作为日常操作项目）。

2　操作前准备

（1）劳保着装：包括防静电服1套（工衣、工裤）、防静电工鞋1双、安全帽1顶、手套1双。

（2）准备相关操作工具：主要包括防爆F扳手小号和中号各1把、对讲机1双。

（3）确认设备、流程运行正常。

3　操作步骤

3.1　戊烷油罐排污

缓慢打开戊烷油罐阀组处排污阀，进行现场排放，现场密切监护，见油后关闭排污阀，现场可燃气体检测无报警后，方可打开防火堤外的排污阀进行排放。

3.2 丙烷、丁烷、正丁烷、异丁烷罐排污

缓慢打开丙烷、丁烷、正丁烷、异丁烷罐阀组处排污阀，进行现场排放，现场密切监护，见气后关闭排污阀，现场可燃气体检测无报警后，方可打开防火堤外的排污阀进行排放。

4 操作要点

(1)罐区操作要慢开慢关。

(2)储罐运行参数要在规定范围内，防止超温、超压、超液位情况出现。

(3)有自动切水设施的冬季要注意防冻。

5 安全注意事项

(1)工作期间严格按照安全操作标准实施，开关阀门时不能正对阀门操作。

(2)进入作业区必须按要求劳保着装，携带防爆工具。在对储罐进行作业时，要先触摸扶梯上的静电释放装置，将身体上的静电进行释放，释放无静电后方可开始进行操作。

(3)手动排污过程中严禁操作人员离开现场。

6 突发事故应急处理

本项目选取的事故案例是排污过程中发生产品泄漏事故，其应急处置程序见表3-7。

表3-7 排污过程中发生产品泄漏事故应急处置预案

步骤	处置	负责人
事故发生	排污过程中发生产品泄漏	操作人员
应急处置措施	1. 对泄漏部位进行紧急关断； 2. 放空泄压； 3. 汇报； 4. 根据事故情况进一步处置	班长
应急终止	处置完毕后，下达应急终止指令	班长

注意：若事故不可控，在采取必要措施后可以撤离现场。

7 拓展知识阅读推荐

[1]戴静君，董正远，田野. 油气集输[M]. 北京：石油工业出版社，2012.

项目八 动力注水

1 项目简介

紧急状态下储罐动力注水操作。

2　操作前准备

(1)劳保着装：包括防静电服1套(工衣、工裤)、防静电工鞋1双、安全帽1顶、手套1双。

(2)准备相关操作工具：主要包括防爆F扳手小号和中号各1把、对讲机1双。

(3)确认设备、流程运行正常。

3　操作步骤

(1)事故罐的处理应尽量利用动力注水管线倒入紧急备用罐，或利用动力注水管线进行外输处理，以降库存，不到万不得已不用动力注水。

(2)如确实需要动力注水，则注意以下几点：

①戊烷油罐的运行罐一般压力：冬季为0.15~0.3MPa，夏季为0.4~0.5MPa，注水时打开注水阀门或用消防带连接防火堤外注水球阀与就近消防栓，启动消防泵或动力注水泵，出口压力控制在0.6MPa。

②丁烷、正丁烷、异丁烷罐的运行罐一般压力：冬季为0.2~0.3MPa，夏季为0.3~0.7MPa，注水时打开注水阀门或用消防带连接防火堤外注水球阀与就近消防栓，启动消防泵或动力注水泵，出口压力控制在1.0MPa以下。

③丙烷罐的运行罐一般压力：冬季在0.5~0.8MPa，夏季在0.9~1.4MPa，注水时需启动动力注水泵或用消防车，打开注水阀门或用高压管连接防火堤外注水球阀，出口压力控制在1.5MPa。

4　操作要点

(1)罐区操作要慢开慢关。

(2)储罐运行参数要在规定范围内，防止超温、超压、超液位情况出现。

(3)处置完毕后需将系统内的水彻底排净。

(4)注水时应在水侧压力高于介质侧压力后再倒通注水流程。

5　安全注意事项

(1)工作期间严格按照安全操作标准实施。

(2)进入作业区必须按要求劳保着装，携带防爆工具。在对储罐进行作业时，要先触摸扶梯上的静电释放装置，将身体上的静电进行释放，释放无静电后方可开始进行操作。

6　突发事故应急处理

本项目选取的事故是动力注水过程中发生产品泄漏事故，其应急处置程序见表3-8。

表3-8　动力注水过程中发生产品泄漏事故应急处置预案

步骤	处置	负责人
事故发生	动力注水过程中发生产品泄漏事故	操作人员
应急处置措施	1. 对泄漏部位进行紧急关断； 2. 放空泄压； 3. 汇报； 4. 根据事故情况进一步处置	班长
应急终止	处置完毕后，下达应急终止指令	班长

注意：若事故不可控，在采取必要措施后可以撤离现场。

7　拓展知识阅读推荐

[1]戴静君，董正远，田野．油气集输[M]．北京：石油工业出版社，2012.

[2]邓雄，蒋宏业，梁光川．油气储运设备[M]．北京：石油工业出版社，2017.

项目九　罐区丙烷、丁烷外输及回收操作

1　项目简介

工厂的丙烷、丁烷外输管线需要放空作业，及对管线内进行回收作业，项目以第三气体处理厂至轻烃站的外输管线为例，其中外输管线：①丙烷 6.8km，ϕ159；②丁烷 6.8km，ϕ159。

2　操作前准备

(1)穿戴好劳保用品：主要包括防静电服 1 套(工衣、工裤)、防静电工鞋 1 双、安全帽 1 顶、手套 1 双。

(2)准备相关操作工具：包括防爆 F 扳手小号和中号各 1 把、对讲机 1 双。

(3)确认相关设备以及流程正确。

3　操作步骤

3.1　丙烷、丁烷外输

(1)缓慢打开外输罐的出口球阀。

(2)打开丙烷、丁烷外输泵入口阀门。

(3)打开丙烷、丁烷外输泵回流阀门，同时打开作业罐的液相回流阀。

(4)启动丙烷、丁烷泵。

(5)待泵转速、出口压力达到正常后，缓慢打开泵出口。

(6)缓慢关闭回流阀。

(7)外输完毕后作业罐液位不应低于15%，停泵，关闭流程，记录参数。

(8)如果产品外输第二气体处理厂装火车，则在外输阀组处走销售流程，至装车场后

关闭装车现场流程，开装车场围墙西的对应阀组流程。

3.2　正丁烷外输

(1)缓慢打开外输罐($5^{\#}$或$6^{\#}$、$7^{\#}$罐)的出口管线上的球阀。

(2)打开正丁烷外输泵入口阀门。

(3)打开正丁烷泵的回流阀，同时打开作业罐的液相回流阀。

(4)启动正丁烷泵。

(5)待泵转速、出口压力达到正常后，缓慢打开泵出口。

(6)缓慢关闭回流阀。

(7)外输完毕后作业罐液位不应低于15%，停泵，关闭流程，记录参数。

(8)如果产品外输第二气体处理厂装火车，则在外输阀组处走销售流程，至装车场后关装车现场流程，开装车场围墙西的对应阀组流程。

3.3　丙烷回收作业

3.3.1　轻烃站回收丙烷

3.3.1.1　加压

(1)第三气体处理厂罐区联系轻烃站计量岗，确定进罐的压力、液位(压力、液位相对较低的储罐)。

(2)启动$1^{\#}$丙烷压缩机，对其中一个液位较低的罐加压，压缩机给作业罐加压至和轻烃站进罐压差保持在0.3MPa以上(第三气体处理厂作业罐压力不得超过1.6MPa)。

3.3.1.2　吹扫

(1)由罐区岗位人员联络轻烃站计量岗位人员，经对方确认流程导通后，方可进行吹扫作业。

(2)由罐区岗位人员将作业罐出口阀门打开，丙烷外输泵入口、出口阀打开，用被加压的作业罐对去轻烃站的丙烷管线进行吹扫。打开至轻烃站丙烷外输阀组旁通阀，进入吹扫状态，由吹扫作业人员联络轻烃站计量岗位人员，确认已进入吹扫作业，确认后应严密监控储罐液位、温度、压力参数，发现问题及时处理并上报。

(3)外输轻烃站管线吹扫中压差保持在0.3~0.5MPa，轻烃站进罐液位不再上涨后(如果因储罐压力高，将进行平压作业)，直至轻烃站从现场观察确认管线内已无液相并见气相，轻烃站计量岗人员关闭丙烷进站阀门和调压阀阀门，然后通知第三气体处理厂罐区值班室，由罐区岗位人员将压缩机停运，关闭抽气及加压阀门，将作业罐出口阀门、丙烷外输泵入口、出口阀关闭。

3.3.2　第三气体处理厂回收丙烷

3.3.2.1　降压

(1)第三气体处理厂罐区将压力、液位较低的储罐作为接收罐。

（2）紧急情况下第三气体处理厂罐区，启动 1#丙烷压缩机对接收罐进行降压。

3.3.2.2 吹扫

（1）第三气体处理厂罐区联系轻烃站计量岗，确定轻烃站作业罐的压力、液位，并与罐区接收罐压差保持在 0.3MPa 以上，若压差过低，轻烃站启动压缩机对作业罐进行加压。

（2）通知轻烃站计量岗，导通轻烃站至第三气体处理厂外输流程。

（3）第三气体处理厂罐区打开接收罐的出口阀、丙烷外输泵旁通阀，丙烷外输管线旁通阀。

（4）吹扫中压差保持在 0.3~0.5MPa，罐区进罐液位不再上涨后（如果因储罐压力高，将进行平压作业），直至罐区从现场观察确认管线内已无液相并见气相，然后通知轻烃站计量岗人员关闭丙烷出站阀门和调压阀门。由罐区岗位人员将接收罐出口阀门、丙烷外输泵旁通阀、丙烷外输管线旁通阀关闭。

3.3.3 对管线内气相进行回收

（1）经第三气体处理厂罐区、轻烃站双方确认管线内无液相后，关闭丙烷外输阀门。

（2）打开外输管线上的丙烷回收阀门，打开新加回收管线丙烷阀，打开丙烷罐（11#~16#）加压阀，启动压缩机将管线内的气相抽回到丙烷罐内。

（3）气相回收作业时，考虑到各种可能出现的情况，应由组长组织当班人员进行回收作业，现场留有人员及时监控管线压力及储罐液位、压力、温度；压缩机的压缩比不得大于 1.5，进气温度≤40℃，排气温度≤80℃（不得超过 120℃），出现异常情况及时停运压缩机。

3.3.4 放空

气相回收作业完毕后，关闭压缩机进出口阀门、11#~16#罐加压阀门，打开压缩机西墙阀组处抽气阀，打开去火炬放空阀，对外输轻烃站丙烷管线进行放空至压力为零。

3.3.5 注意事项

（1）吹扫回收时间为 6h，放空时间 30h。

（2）进行回收作业时，现场留有专人监护。

（3）作业时必须保持联络畅通。

3.4 丁烷回收作业

3.4.1 轻烃站回收丁烷

3.4.1.1 加压

（1）第三气体处理厂罐区联系轻烃站计量岗，确定进罐的压力、液位（压力、液位相对较低的储罐）。

（2）启动 2#丁烷压缩机，对其中一个液位较低的罐加压，压缩机给作业罐加压至和轻烃站进罐压差保持在 0.3MPa 以上（第三气体处理厂作业罐压力不得超过 1.6MPa）。

3.4.1.2　吹扫

(1)由罐区岗位人员联络轻烃站计量岗位人员，经对方确认流程导通后，方可进行吹扫作业。

(2)由罐区岗位人员将作业罐出口阀门打开，丁烷外输泵入口、出口阀打开，用被加压的作业罐对去轻烃站的丁烷管线进行吹扫。打开至轻烃站丁烷外输阀组旁通阀，进入吹扫状态，由吹扫作业人员联络轻烃站计量岗位人员，确认已进入吹扫作业，确认后应严密监控储罐液位、温度、压力参数，发现问题及时处理并上报。

(3)外输轻烃站管线吹扫中压差保持在0.3~0.5MPa，轻烃站进罐液位不再上涨后(如果因储罐压力高，将进行平压作业)，直至轻烃站从现场观察确认管线内已无液相并见气相，轻烃站计量岗人员关闭丙烷进站阀门和调压阀阀门，然后通知第三气体处理厂罐区值班室，由罐区岗位人员将压缩机停运、关闭抽气及加压阀门，将作业罐出口阀门、丁烷外输泵入口、出口阀关闭。

3.4.2　第三气体处理厂回收丁烷

3.4.2.1　降压

(1)第三气体处理厂罐区将压力、液位较低的储罐作为接收罐。

(2)紧急情况下第三气体处理厂罐区，启2#丁烷压缩机对接收罐进行降压。

3.4.2.2　吹扫

(1)第三气体处理厂罐区联系轻烃站计量岗，确定轻烃站作业罐的压力、液位。并与罐区接收罐压差保持在0.3MPa以上，若压差过低，轻烃站启动压缩机对作业罐进行加压。

(2)通知轻烃站计量岗，导通轻烃站至第三气体处理厂外输流程。

(3)第三气体处理厂罐区打开接收罐的出口阀、丁烷外输泵旁通阀、丁烷外输管线旁通阀。

(4)吹扫中压差保持在0.3~0.5MPa，罐区进罐液位不再上涨后(如果因储罐压力高，将进行平压作业)，直至罐区从现场观察确认管线内已无液相并见气相，然后通知轻烃站计量岗人员关闭丁烷出站阀门和调压阀门。由罐区岗位人员将接收罐出口阀门、丁烷外输泵旁通阀、丁烷外输管线旁通阀关闭。

3.4.3　对管线内气相进行回收

(1)经第三气体处理厂罐区、轻烃站双方确认管线内无液相后，关闭丁烷外输阀门。

(2)打开外输管线上的丁烷回收阀门，打开新加回收管线丙烷阀，打开丁烷罐(5#~10#)加压阀，启动压缩机将管线内的气相抽回到丁烷罐内。

(3)气相回收作业时，考虑到各种可能出现的情况，应由组长组织当班人员进行回收作业，现场留有人员及时监控管线压力及储罐液位、压力、温度；压缩机的压缩比不得大于1.5，进气温度≤40 ℃，排气温度≤80℃(不得超过120℃)，出现异常情况及时停运压缩机，严格按照《放空气回收压缩机操作》执行。

3.4.4　放空

气相回收作业完毕后，关闭压缩机进出口阀门、5#~10#罐加压阀门，打开压缩机西墙阀组处抽气阀，打开去火炬放空阀，进行放空至压力为零。

3.4.5　注意事项

管内气体吹扫回收时间为5h，放空时间30h。

3.5　丙(丁)烷去10#罐的液相回收

第三气体处理厂至轻烃站丙烷、丁烷外输管线事故状态下需要紧急回收作业。

3.5.1　丙(丁)烷外输管线紧急切断阀前泄漏

(1)外输作业时发现控制室在线管线监测系统出现报警，确认是紧急切断阀阀前泄漏，立即关闭紧急切断阀。

(2)通知轻烃站停止外输作业，停运外输泵、关闭泵进出口阀，关闭作业储罐出口阀门，关闭丙(丁)烷外输阀门。

(3)打开10#储罐回罐阀，打开丙(丁)烷外输管线液相回收阀。

(4)导通流程后开始进行回收作业，观察10#储罐液位不上涨，通知气柜岗进行气相回收作业。

(5)关闭丙(丁)烷底部液相回收阀，打开丙(丁)烷外输管线气相回收阀，联系气柜岗调整阀门保持开度，注意气相回收作业时气柜压力不得高于5.5kPa。

(6)紧急切断阀前泄漏处理完毕后恢复正常外输流程，参照外输作业操作。

3.5.2　丙(丁)烷外输管线紧急切断阀后泄漏

(1)外输作业时发现控制室在线管线监测系统出现报警，确认是紧急切断阀阀后泄漏，立即关闭紧急切断阀。

(2)通知轻烃站停止外输作业，停运外输泵，关闭泵进出口阀，关闭作业储罐出口阀门，关闭丙(丁)烷外输阀门。

(3)紧急切断阀阀后泄漏，轻烃站进行回收作业，如需第三气体处理厂配合，参照丙(丁)烷外输管线紧急切断阀前泄漏进行操作。

3.5.3　丙(丁)烷产品外输管线紧急切断阀泄漏着火

(1)外输作业时遇到丙烷外输管线泄漏着火，立即通知轻烃站停止丙烷、丁烷外输作业。

(2)启动应急预案。

(3)联系轻烃站导通丁烷外输管线注水作业流程，对丁烷管线进行注水反输作业。

3.5.4　丁烷外输管线注水反输操作

(1)联系轻烃站进行注水反输进罐作业，双方确认导通流程开始进行作业。

（2）停止丁烷外输作业，停运丁烷外输泵，关闭泵进出口阀门。

（3）通知气柜岗进行放空作业，确认气柜压力低于 5.5kPa。

（4）关闭丁烷架空外输阀，关闭丁烷气相回收阀，打开丁烷液相回收阀，打开 10# 储罐回罐阀门，打开 10# 储罐顶部放空阀进行泄压。

（5）联系气柜岗调整 10# 储罐放空阀保持开度，注意气相回收作业时气柜压力不得高于 5.5kPa。

（6）反输作业时要计算液位上涨高度（管线内产品 50t，根据实际密度计算平均值 1600mm）涨到计算高度时，打开液位计底部排污阀见水后，通知轻烃站停止注水作业。

（7）作业过程中注意观察储罐液位不得超过 2100mm，压力不得超过 1.5MPa。

（8）反输作业完成后，现场事故处理完毕，恢复正常外输流程。

4　操作要点

（1）进行外输或者回收时，一定要提前联系好保证流程正确。

（2）进行回收作业时，现场留有专人监护，并密切注意压力等参数的变化。

5　安全注意事项

（1）在开关阀门作业时，不能直对阀门，防止介质泄漏对人造成伤害。

（2）作业时避免接触泵体转动部位，以免发生机械伤害。

6　突发事故应急处理

本项目选取的事故案例是罐区外输或回收丙烷、丁烷产品过程中发生泄漏事故，其应急处置程序见表 3-9。

表 3-9　外输或回收丙烷、丁烷产品过程中发生泄漏事故应急处置预案

步骤	处置	负责人
现场发现泄漏	迅速关闭泄漏点前后截止阀门	操作工
报告	向当班班长及值班调度汇报	操作工
	调度立即通知维保人员	调度
应急处置措施	在维保人员未到达现场前，班长立即组织人员对泄漏点实施监控	班长
	维保人员到达现场组织抢修	维保人员
应急终止	维修完毕并试漏合格后，向调度汇报应急终止	班长

7　拓展知识阅读推荐

［1］王瑞华. 离心泵的主要性能参数及操作注意事项［J］. 建筑工程技术与设计，2018（10）.

［2］赵佳惠. 浅析启停离心泵的操作［J］. 科技信息，2013（25）.

模块二 罐区设备系统操作

项目一 罐区消防泵操作

1 项目简介

消防泵的启停操作。

2 操作前准备

(1)劳保着装：包括防静电服 1 套(工衣、工裤)、防静电工鞋 1 双、安全帽 1 顶、手套 1 双。

(2)准备相关操作工具：主要包括防爆 F 扳手小号和中号各 1 把、对讲机 1 双。

(3)确认设备、流程运行正常。

3 操作步骤

3.1 启泵前准备

(1)倒通消防罐与泵之间的流程，消防罐的出口阀、回流阀为常开状态。

(2)检查机泵周围有无杂物，各部位的固定螺丝有无松动。

(3)盘泵 3~5 圈，看转动是否灵活，有无卡阻和杂音。

(4)打开泵的进口阀门，使泵内充满液体，同时打开排气阀，放掉泵内气体后关闭排气阀。

(5)活动出口阀门、回流阀门。

(6)检查并调整好盘根的松紧程度。

3.2 启泵操作

(1)按启动按钮。缓慢打开泵的出口阀门和回流阀门，调整好排量和压力，在回流阀和出口阀完全关闭的情况下，泵连续运行不得超过 3min。

(2)检查各种仪表指示是否正常，电机的实际工作电流不允许超过额定工作电流。

(3)检查泵轴承温度，用测温枪判断不得超过 70℃。

(4)检查填料密封滴漏量在正常范围内。

(5)检查机组有无振动、运转有无杂音。

(6)检查电机轴承温度，用测温枪判断温度不得超过 80℃。

(7)运行正常后，挂上运行牌。

(8)每小时对机组运行情况进行巡回检查。

3.3 运行中的检查

(1)检查泵压力是否正常，一般为 0.5~0.8MPa。

(2)检查两侧盘根漏失情况，每分钟漏失 10～30 滴为正常。

(3)听各部位声音是否正常。

(4)注意观察消防罐液位，防止泵抽空消防水罐。

3.4　消防泵的停泵操作

(1)关小泵的出口阀和回流阀，按停泵按钮停泵。

(2)泵停稳后，关闭进出口阀、回流阀门，盘车 3～5 圈。

(3)遇到紧急情况，可先在配电室停泵，后关闭进出口阀门、回流阀。

(4)清理机组卫生，挂好备用牌，填写有关记录。

3.5　倒泵操作

(1)按启泵前的准备工作，检查备用泵。

(2)关小欲停泵的出口阀，控制好排量。

(3)按启动步骤启动备用泵。

(4)调节好排量和压力。

(5)按停泵步骤停泵。

4　操作要点

(1)将消防泵的电动控制阀门拨至"手动"状态(原"现场/远控"按钮恢复)。

(2)将三台消防泵的电源控制开关全部打到"手动"状态。

(3)把旋钮开关拨向"手动"状态。

5　安全注意事项

(1)工作期间严格按照安全操作标准实施，盘泵时应采取措施防止泵突然启动。

(2)进入作业区必须按劳保要求着装，携带防爆工具，女同志应盘头发。

6　突发事故应急处理

本项目选取的事故案例是操作人员触电，其应急处置程序见表 3－10。

表 3－10　操作人员触电事故应急处置预案

步骤	处置	负责人
事故发生	在操作过程中操作人员触电	操作人员
应急处置措施	1. 拉下电源开关； 2. 将脱离电源的触电者迅速移至通风干燥处仰卧，松开上衣和裤带； 3. 施行急救，及时通知厂外救护车，尽快送医院抢救； 4. 通知维修人员检查、维修漏电设备	班长
应急终止	处置完毕后，下达应急终止指令	班长

注意：在触电人员未脱离电源时，请勿直接用手触碰。

7　拓展知识阅读推荐

[1]〔德〕Dieter - Heinz Hellmann. 离心泵大全[M]. 北京：清华大学出版社，2014.

项目二 罐区消防稳高压系统操作

1 项目简介

罐区消防稳高压系统操作。

2 操作前准备

(1)劳保着装：包括防静电服1套(工衣、工裤)、防静电工鞋1双、安全帽1顶、手套1双。

(2)准备相关操作工具：主要包括防爆F扳手小号和中号各1把、对讲机1双。

(3)确认设备、流程运行正常。

3 操作步骤

3.1 准备工作

(1)检查变频泵的工艺流程是否畅通(入口阀、出口阀全开，回流阀关闭)。

(2)打开变频泵排气阀排放泵内气体。

(3)打开消防泵电源开关，打开变频和控制箱的电源开关(闭合空气开关)。

(4)检查消防泵进口阀门是否在常开状态；回流阀、出口阀应处于关闭状态。

(5)检查消防泵的电动控制阀门电源应处在打开状态。

(6)检查泵机组各部位的固定螺丝有无松动，检查泵的润滑情况。

(7)请远离供水泵电机及各种带电体。

(8)消防泵盘车3~5圈。

3.2 变频泵手动控制

(1)该情况一般应用于首次投用，正常情况下投用自动控制。

(2)将"自动停止手动"旋钮开关拨向"手动"状态。

(3)按下"启动"按钮，使相应变频泵启动，泵的出口压力应为0.68~0.72MPa；若高于0.75MPa，则打开变频泵的回流或停泵。

(4)按下"停止"按钮，相应变频泵停止运行。

3.3 自动控制

(1)将消防泵的电动控制阀门拨至"自动"状态("外控/本机"按钮按下，红灯状态)。

(2)将三台消防泵的电源控制开关全部打到"自动"状态。

(3)把"自动停止手动"旋钮开关拨向"自动"状态，则系统将启动变频泵。

(4)检查仪表柜上电流指示情况。

(5)系统自动运行过程中，如需要强行停泵，则将"自动停止手动"按钮开关拨向"停止"挡，系统将逐台停机。

(6)系统启动时，若无消防信号，则首先运行一台变频泵；有故障信号时，延时5s切换到下一台变频泵。

(7)一台变频泵单独运行2d(断电保护不影响运行时间累计)切换到下一台变频泵。

3.4 手动巡检与自动巡检

(1)手动巡检为脉冲信号，断开"自动停止手动"按钮，停止手动巡检。

(2)自动巡检周期为7d，巡检时四台泵运转90s停90s，依次巡检下一台泵。

(3)泵巡检的同时系统自动打开回流电动阀，出口阀保持关闭状态，延时17s开阀信号停止输出。

(4)泵停止时，系统自动关闭回流阀，出口阀保持关闭状态，延时17s，关阀信号停止输出。

(5)有消防信号时退出巡检，进入消防状态。

3.5 消防运行

3.5.1 自动控制

(1)一台变频泵运行达到50Hz时压力仍低于设定点，则设备延时30s后进入消防状态，退出稳压状态(变频泵停机)，自动启动$1^\#$消防泵，补充管网压力。

(2)如果管网仍欠压，则延时45s启动$2^\#$泵，($3^\#$泵延时60s)超压则延时30s后停止消防泵，按照"先启动的泵先停"的顺序进行。

(3)泵启动后延时2s打开电动阀，延时15s电动阀打开信号停止输出。

(4)超压停泵时，先输出电动阀关闭信号，延时17s再输出停泵信号、同时电动阀关闭信号也停止输出。

(5)当发出消防解除信号时退出消防状态，先输出关阀信号，延时30s再停消防泵，同时停止输出关阀信号。

(6)退出消防状态后，系统自动运行变频泵，进入正常稳压运行状态。

3.5.2 手动控制

(1)将消防泵电源开关打到"手动"状态。

(2)检查电动阀控制器电源是否打开，将消防泵的电动控制阀门拨至"手动"状态("外控/本机"按钮释放，绿灯状态)。

(3)盘车3～5圈。

(4)按下泵"启动"按钮(现场或控制柜按钮)，观察电流表是否正常。

(5)手动打开泵的出口阀(现场或控制柜按钮)，调节泵出口压力至正常值。

(6)停泵时，先关闭出口阀(关闭时间保证15s)，按下停泵按钮，切忌关阀的同时按下停泵按钮。

3.5.3 巡检

岗位人员每小时对稳高压系统进行巡检，发现问题及时处理并汇报，确保24h全天候运行。

4 操作要点

(1)变频器、可编程控制器和智能控制器的内部状态及程序均已编制好，不经专业人员允许，不得随便改动。

(2)启泵前需检查泵的工艺流程、盘车，盘车前将消防泵的控制按钮打到手动位置，检查盘柜供电及开关是否处于正常准备状态。

(3)使用手动巡检时需由专人看管，巡检完毕后方可离开。

(4)电动蝶阀及变频泵须按固定的时间进行维护保养（三个月），注意要切断电源后进行。

(5)罐区停电后，须巡检双电源切换柜电源是否自动切换到位，如未到位则需手动切换（由电工人员操作）。

5 安全注意事项

(1)工作期间严格按照安全操作标准实施，盘泵时应采取措施防止泵突然启动。

(2)进入作业区必须按劳保要求着装，携带防爆工具，女同志应盘头发。

6 突发事故应急处理

本项目选取的事故案例是稳高压系统不能正常启动，其应急处置程序见表3-11。

表3-11 稳高压系统不能正常启动应急处置预案

步骤	处置	负责人
事故发生	稳高压系统不能正常启动	操作人员
应急处置措施	1. 立即将系统打到手动状态； 2. 根据需要手动启动消防泵； 3. 通知维修人员检查、维修故障设备	班长
应急终止	处置完毕后，下达应急终止指令	班长

注意：要重点关注消防系统压力。

7 拓展知识阅读推荐

[1][德]Dieter - Heinz Hellmann. 离心泵大全[M]. 北京：清华大学出版社，2014.

项目三 罐区深井泵操作

1 项目简介

罐区深井泵操作。

2　操作前准备

(1)劳保着装：包括防静电服1套(工衣、工裤)、防静电工鞋1双、安全帽1顶、手套1双。

(2)准备相关操作工具：主要包括防爆F扳手小号和中号各1把、对讲机1双。

(3)确认设备、流程运行正常。

3　操作步骤

3.1　启泵前准备工作

(1)检查水表应正常。

(2)检查压力表应正常。

(3)检查电流表应正常。

(4)检查阀门管线漏失情况，若漏失则进行整改。

(5)打开补压罐或消防罐的进口阀门。

3.2　启泵操作

(1)打开泵出口阀、排气阀。

(2)按启动按钮，排气阀出水后关闭排气阀。

(3)观察电流表指示，电流不能超过41A，水压通常为0.1~0.4MPa。

(4)泵运转过程中每小时进行巡检。

3.3　停泵操作

(1)按停泵按钮，同时打开排气阀门。

(2)关闭泵出口阀门。

(3)清理机组卫生。

(4)关闭补压水罐或消防罐进口阀门。

(5)停泵后，按要求填写有关记录。

4　操作要点

(1)操作要慢开慢关。

(2)深井泵运行时注意观察电流大小。

5　安全注意事项

(1)工作期间严格按照安全操作标准实施。

(2)进入作业区必须按劳保要求着装，携带防爆工具。

6　突发事故应急处理

如深井泵不能正常启动，应及时启动备用设备。

7　拓展知识阅读推荐

[1]邓雄，蒋宏业，梁光川.油气储运设备[M].北京：石油工业出版社，2017.

项目四 罐区外输屏蔽泵操作

1 项目简介

罐区外输屏蔽泵操作。

2 操作前准备

(1)劳保着装，包括防静电服1套(工衣、工裤)、防静电工鞋1双、安全帽1顶、手套1双。

(2)准备相关操作工具。主要包括防爆F扳手小号和中号各1把、对讲机1对。

(3)确认设备、流程运行正常。

3 操作步骤

3.1 屏蔽泵启动前的检查工作

(1)检查泵的地脚螺栓是否紧固。

(2)检查泵的出入口法兰有无松动、泄漏。

(3)检查泵的压力表是否安装，安装位置与压力等级是否符合要求。

(4)检查电机的接地线是否连接牢固。

(5)检查泵各连接处是否有泄漏，若有，通知有关人员进行调整。

(6)检查泵周围的环境是否清洁干净，是否有杂物及油污。

(7)工艺条件的落实，打开泵的进口阀门，使泵内充满液体，同时打开放空阀排气，观察无气相后，关闭火炬放空阀门。

(8)打开泵体冷却水阀门，确认冷却水入口温度不大于35℃。

(9)确认电机已经送电，TRG表完好。

(10)应与有关岗位进行联系，做好启泵准备。

(11)通风10min左右。

3.2 屏蔽泵的启动操作

(1)按启动按钮，电流从最高值下降，泵压上升稳定后，缓慢打开泵的出口阀，调整出口流量到规定值。在泵出口关闭的情况下连续运转不能超过3min。

(2)检查各种仪表指示是否正常；电机的运行电流：在额定电流以下，约是额定电流的80%左右。

(3)TRG表应指示在绿区范围内。

(4)检查泵体、回流管线温度在正常范围内。

(5)出口压力表指示在正常范围内。

(6)检查机组有无异常振动，运转有无杂音。

(7)冷却水温度正常水套各部位冷却均匀。

(8)检查泵各连接处不得有泄漏。

(9)启泵后应仔细观察运行状况,运行正常后挂上运行牌。

(10)每小时对机组运行情况进行检查。

3.3　屏蔽泵停泵操作

(1)慢慢关小泵的出口阀门,按停止按钮。

(2)泵停稳之后关闭进出口阀。

(3)关闭泵的冷却水。

(4)清理机组卫生。

(5)挂好备用牌,做好记录。

3.4　屏蔽泵运行中注意的问题

(1)严禁空载运转。

(2)启泵前排气要彻底。

(3)断流转动不得超过30s。

(4)不得逆向连续运转。

(5)启泵前必须投用冷却水。

(6)运转中如果有异常现象应及时停泵处理。

(7)TRG表在红色区域时禁止运转。

(8)泵排气时严防有压力喷出。

(9)电机和泵体在运转过程中,温度升高,不要用手触摸。

(10)当过流继电器和热元件动作时,一定要查找原因,排除故障后方可启泵。

3.5　紧急情况处理

(1)泵抽空时,立即停泵。

(2)泵体内有不正常响声,各连接处泄漏,泵体、电机温度过高,罐区、装车场出现大量泄漏等不安全事故时也应立即停车。

4　操作要点

(1)操作要慢开慢关。

(2)启停屏蔽泵时应关闭泵出口阀。

(3)启泵时应注意排气,有水冷系统的应先开水冷。

(4)泵运行过程中应注意观察储罐液位,防止泵抽空。

5　安全注意事项

(1)工作期间严格按照安全操作标准实施,开关阀门时人不能正对阀门。

(2)进入作业区必须按要求劳保着装,携带防爆工具。

6　突发事故应急处理

本项目选取的事故案例是产品发生泄漏，其应急处置程序见表 3–12。

表 3–12　产品发生泄漏应急处置预案

步骤	处置	负责人
事故发生	产品发生泄漏	操作人员
应急处置措施	1. 对泄漏部位进行紧急关断； 2. 放空泄压； 3. 汇报； 4. 根据事故情况进一步处置	班长
应急终止	处置完毕后，下达应急终止指令	班长

注意：如事故不可控，在采取必要措施后可以撤离现场。

7　拓展知识阅读推荐

[1]陈世亮，董为勇. 屏蔽泵的结构特点及关键技术[J]. 通用机械，2005(07).

[2]邓雄，蒋宏业，梁光川. 油气储运设备[M]. 北京：石油工业出版社，2017.

项目五　罐区外输滑片泵操作

1　项目简介

罐区外输滑片泵用于罐区正丁烷、异丁烷的外输，本次操作需实现机组安全平稳启动，并进入正常运行状态。滑片泵为容积式叶片泵，工作靠叶片离心滑动，流量与轴的转速正相关，定子内曲面采用复合曲线制成，定子与转子、挡板、叶片组成 10 个密封腔体。由于定子曲面是复合曲线，当转子转动时，进口腔体容积逐渐增大，并形成负压产生吸力，将油液吸入。当转子旋转一定角度后，容积截面逐渐减小，从而将油液压出，在吸油腔与压油腔之间有一封油块把吸油腔与压油腔隔开。

2　操作前准备

(1)防爆 F 扳手小号和中号各 1 把、对讲机 1 双。

(2)防静电服 1 套(工衣、工裤)、防静电工鞋 1 双、安全帽 1 顶、手套 1 双。

3　操作步骤

3.1　启泵前的检查

(1)检查泵的地脚螺栓是否紧固。

(2)检查泵的出入口法兰有无松动、泄漏。

(3)检查泵的压力表是否安装，安装位置与压力等级是否符合要求。

(4)检查电机的接地线是否连接牢固。

(5)检查泵各连接处是否有泄漏，若有，通知有关人员进行调整。

(6)工艺条件的落实，打开泵的进口、出口阀门，使泵内充满液体。

3.2 启泵操作

(1)按启动按钮，电流从最高值下降，泵压上升稳定后，调整出口流量到规定值，电机的运行电流在额定电流以下，约是额定电流的80%左右。

(2)检查各种仪表指示是否正常。

(3)检查泵体、出口管线温度在正常范围内。

(4)出口压力表指示在正常范围内，出口压力不得超过0.8MPa，压力超高应立即停泵。

(5)检查机组有无异常振动，运转有无杂音。

(6)检查泵各连接处不得有泄漏。

(7)待泵运行正常后挂上"运行"牌。

(8)每小时对机组运行情况进行检查。

3.3 停泵操作

(1)切断电源停止运转。

(2)关闭进出口阀门。

(3)清理机组卫生。

4 操作要点

(1)启泵前工艺条件落实完成后，打开泵的进口、出口阀门，使泵内充满液体。

(2)出口压力表指示在正常范围内，超过0.8MPa应立即停泵，压力较小时需查明原因进行整改。

(3)泵启动后，检查泵各连接处不得有泄漏。

(4)根据表3-13滑片泵异常状况/原因对照表查明泵异常原因并整改。

表3-13 滑片泵异常状况/原因对照表

异常状况	存在原因
泵不启动	(1)无液体；(2)叶片损坏；(3)内部调节阀关闭；(4)过滤器堵塞；(5)入口管线或阀门堵塞或受限；(6)泵发生气阻；(7)泵速过低；(8)安全阀部分处于开位置，磨损或定位不准确
流量降低	(1)泵速过低；(2)内部调节阀没有全开；(3)入口管线受限(如管径过小、弯头和配件过多以及过滤器堵塞等)；(4)零件磨损或损坏(叶片、气缸或转子)；(5)出口管线受限，造成安全阀分流；(6)安全阀损坏、设置值过低或定位不准确；(7)外部旁通阀设置值过低；(8)没有蒸汽回流管线；(9)叶片安装不正确；(10)衬垫反向安装
噪声大	(1)过大的压降作用于泵上，导致：a.入口管线的配件较小或使用受限；b.泵速过高；c.泵距液体原料太远；(2)某条出口管线关闭，但泵仍持续运转；(3)泵没有安装牢固；(4)驱动轴不合适卡车或装配不当；(5)泵、减径管或泵没有对中；(6)轴承磨损或损坏；(7)管线固定不当引起振动；(8)曲轴或驱动联轴器不对中；(9)转子严重磨损；(10)系统中存在阀门故障；(11)安全阀设置值过低；(12)衬垫反向安装；(13)叶片磨损

续表

异常状况	存在原因
叶片损坏	(1)外界杂质侵入泵内；(2)泵空转；(3)气蚀；(4)过热；(5)推杆损坏或折弯，或推杆连接孔磨损；(6)液压锤压力下降；(7)叶片安装不正确；(8)和输入液体不兼容
泵体损坏	(1)外界杂质侵入泵内；(2)安全阀没有打开；(3)液压锤压力下降；(4)泵和驱动器、驱动管路和驱动轴不对中；(5)叶片或叶片凹槽严重损坏
机封泄漏	(1)"O"形环与吸入液体不兼容；(2)"O"形环有刻痕、缺口或扭曲；(3)密封位置的轴磨损、损坏或弄脏；(4)轴承过度润滑；(5)严重气蚀；(6)封面破损、刮坏、凹陷或弄脏
电机超载	(1)电机马力不足；(2)电机接线不合适或电压低；(3)不对中；(4)超压或超速；(5)轴承锁母调整不到位；(6)轴承有缺陷或磨损；(7)转子与推力盘或衬垫产生摩擦；(8)机械密封面弄脏

5 安全注意事项

(1)泵运行状态时，请勿触碰任何旋转件，以免造成伤害。

(2)每小时对机组运行情况进行检查，发现泄漏等隐患及时报告处理。

6 本突发事故应急处理

本项目选取的事故案例是泵运行过程中密封点发生泄漏，其处置程序见表3–14。

表3–14　泵运行过程中密封点发生泄漏处置程序

步骤	处置	负责人
现场发现压缩机固执	现场发现泄漏	操作工
报告	向当班班长及中控室汇报	操作工
	向调度及时汇报情况	班长
应急处置措施	1. 班长下达停泵指令后，切断故障泵流程并泄压； 2. 维保人员到达现场，处置并清理现场； 3. 操作人员恢复流程	班长维保人员
应急终止	处置完毕后，应急终止	班长

7 拓展知识阅读推荐

[1]JB/T 10459—2018. 滑片泵[S]. 北京：机械工业出版社，2018.

[2]滑片泵使用说明书.

项目六　罐区补压泵操作

1 项目简介

罐区消防系统中的水需要常年保持在一定压力，这就需要补压泵维持压力。

2 操作前准备

(1)防爆F扳手小号和中号各1把、对讲机1双。

(2)防静电服 1 套(工衣、工裤)、防静电工鞋 1 双、安全帽 1 顶、手套 1 双。

(3)确认补压泵以及相关流程正确。

3　操作步骤

3.1　离心泵启动前的准备工作

(1)检查机泵周围有无杂物及各部位的固定螺丝有无松动。

(2)用手盘动泵轴，转动数圈，以使润滑介质充分进入机械密封摩擦副端面。

(3)打开泵的进口阀门，使泵内充满液体，若有不良情况，应及时处理。

(4)检查密封泄漏量是否在正常范围内，检查并调整盘根的松紧度。

(5)检查压力表是否正常。

(6)检查电器设备接地是否完好齐全。

(7)检查系统电压为 360～420V。检查三相电是否完好，合上闸刀送电。

(8)应与有关单位及岗位进行联系，做好启泵前的准备工作。

3.2　启动操作

(1)当泵启动时，应保证泵出口管路上的阀门是关闭的。当泵全速运转后，逐渐打开出口阀门，调节到所需工况点。

(2)检查各种仪表指示是否正常，电机的实际工作电流不允许超过额定工作电流。

(3)检查填料密封滴漏量在正常范围内，＜3 滴/min。

(4)检查机组有无振动，运转有无杂音。

(5)检查电机轴承温度，用手触摸判断温度不得超过 75℃，如发现异常情况，应及时停机处理。

(6)运行正常后，挂上运行牌。

(7)每小时对机组运行情况进行巡回检查。

3.3　停泵操作

(1)慢慢关小泵的出口阀门，按停止按钮。

(2)泵停稳后盘车 3～5 圈，关闭泵进出口阀门。

(3)清理机组卫生。

(4)挂好备用牌，做记录。

3.4　倒泵操作

(1)按启动前准备步骤检查备用泵。

(2)按启泵操作方法启动备用泵，同时调节好压力和排量。

(3)关小需停泵的出口阀，控制排量，按停止步骤停泵。

4　操作要点

(1)启动前，水泵和吸入管必须排气，并用输送介质灌泵。吸入管路上的阀门必须完全打开。

(2)如果环境温度低于冰点,应排尽泵内液体,以防冻裂。

(3)如果长期停用,应采取防潮措施,如有必要将泵拆卸、清洗干净,并包装保管。

5 安全注意事项

(1)在开关阀门时,要注意站位,不能直对阀门,防止介质泄漏对人造成伤害。

(2)泵运行过程中请勿打开联轴器护罩。

(3)在盘泵时,一定要断电。

6 突发事故应急处理

本项目选取的事故案例是补压泵水泄漏,其应急处置程序见表3-15。

表3-15 补压泵水泄漏事故应急处置预案

步骤	处置	负责人
现场发现泄漏	迅速关闭泄漏点前后截止阀门	操作工
报告	向当班班长及值班调度汇报	操作工
	调度立即通知维保人员	调度
应急处置措施	在维保人员未到达现场前,班长立即组织人员对泄漏点实施监控	班长
	维保人员到达现场组织抢修	维保人员
应急终止	维修完毕并试漏合格后,向调度汇报应急终止	班长

7 拓展知识阅读推荐

[1]高非非,张亚静.罐区离心泵的操作及维护保养[J].维纶通讯,2018,38(001):45-46.

[2][德]Dieter-Heinz Hellmann.离心泵大全[M].北京:清华大学出版社,2014.

[3]余靓.离心泵的操作与常见故障解决方法[J].中国石油和化工标准与质量,2014,34(8):235.

项目七 罐区污水泵操作

1 项目简介

罐区中设有污水池,当污水池液位达到一定量后,需要启动污水泵将污水输送到污水处理厂,而污水泵的扬程满足不了生产需要时,需要启动污水提升泵。

2 操作前准备

(1)防爆F扳手小号和中号各1把、对讲机1双。

(2)防静电服1套(工衣、工裤)、防静电工鞋1双、安全帽1顶、手套1双。

(3)确认污水提升泵以及相关流程正确。

3 操作步骤

3.1 离心泵启动前的准备工作

(1)检查机泵周围有无杂物及各部位的固定螺丝有无松动。

(2)检查轴承润滑油是否干净,油量是否适当。

(3)检查各种仪表是否正常。

(4)检查电器设备接地是否完好齐全。

3.2 启动操作

(1)按启动按钮,泵压上升稳定后缓慢打开泵的出口阀,根据生产需要调整好泵压及流量,在泵出口阀门关闭情况下,连续运转不能超过 3min。

(2)检查各种仪表指示是否正常,电机的实际工作电流不允许超过额定工作电流(42A)。

(3)检查机组有无振动,运转有无杂音。

(4)检查电机轴承温度,用手触摸判断温度不得超过 80℃。

(5)运行正常后,挂上运行牌。

(6)每小时对机组运行情况进行巡回检查。

3.3 停泵操作

(1)慢慢关小泵的出口阀门,按"停止"按钮。

(2)清理机组卫生。

(3)挂好备用牌,做好记录。

4 操作要点

(1)启泵时,要密切注意泵的压力以及电机的电流是否正常。

(2)要密切注意水位,当低于一定水位时,应及时停泵。

5 安全注意事项

(1)当污水池有报警信号或者巡检闻到气味时,禁止启泵。

(2)当污水池中含有大量泥沙或者脏物时,禁止启泵,因电泵脱水运行时间过长,会导致电机过热而烧毁。

6 突发事故应急处理

本项目选取的事故案例是提升泵污水泄漏事故,其应急处置程序见表 3-16。

表 3-16 提升泵污水泄漏事故应急处置预案

步骤	处置	负责人
现场发现泄漏	迅速关闭泄漏点前后截止阀门	操作工
报告	向当班班长及值班调度汇报	操作工
	调度立即通知维保人员	调度

续表

步骤	处置	负责人
应急处置措施	在维保人员未到达现场前，班长立即组织人员对泄漏点实施监控	班长
	维保人员到达现场组织抢修	维保人员
应急终止	维修完毕并试漏合格后，向调度汇报应急终止	班长

7 拓展知识阅读推荐

[1]关醒凡. 现代泵理论与设计[M]. 北京：中国宇航出版社，2011.

[2]张国喜. 浅析潜水泵在排水泵站中的设计、安装与运行检修[J]. 科技信息. 2009 (7).

项目八 罐区水套炉操作

1 项目简介

本项目介绍罐区水套炉操作方法，罐区热水炉主要是为工厂冬季供暖。

2 操作前准备

(1)防爆F扳手小号和中号各1把、对讲机1双。

(2)防静电服1套(工衣、工裤)、防静电工鞋1双、安全帽1顶、手套1双。

(3)确认热水锅炉以及相关流程正确。

3 操作步骤

3.1 热水锅炉运行前的准备

3.1.1 上水

(1)打开集水器一组回水阀门，回水阀组上、下阀，检查调节阀状态。通知一组给热水炉加水，加水至溢水箱液位计见液为止，通知一组停水。

(2)打开分水器上一组、二组、丁烷厂3个出口阀。

(3)打开集水器上二组、丁烷厂2个回水阀。

(4)打开三组出口阀，三组值班室旁进水、回水阀。

(5)检查热水锅炉入口压力保持在0.04~0.06MPa。

(6)检测炉内水质，如水质不符合要求，需打开炉底排污阀排放，再注水，直至符合要求。

(7)打开防冻管线上阀门，防止溢水槽顶部结冰。

3.1.2 启动管道循环泵

3.1.2.1 启泵前注意事项

(1)检查泵组应处于完好状态，检查电路系统供电是否正常，检查各仪表是否正常。

(2)检查泵和电机连接螺栓是否松动、静电接地是否紧固，各法兰连接处应无泄漏、松动。

(3)检查管道泵无异常，打开管道泵入口阀。

3.1.2.2　启泵操作

(1)将控制台上电源开关打开，送电。

(2)将"1#循环泵/2#循环泵"转钮指示选择需要运行的泵。

(3)将"循环泵手动/停/自动"状态指示转钮转至需要的运行方式。

(4)循环泵正常启动时绿色指示灯亮，缓慢打开循环泵出口阀，调节泵出口压力。

3.1.2.3　启泵后注意事项

(1)启泵后检查泵出口压力和泵体振动情况。

(2)观察电流情况，判断泵是否运转正常。

(3)运行中检查机械密封漏失情况。

3.1.3　供燃料气

(1)缓慢打开燃气管线上、下阀门。

(2)确认燃气调节阀处于开启状态。

(3)旁通阀必须为关闭状态。

(4)燃气管道压力保持在 0.1～0.3MPa。

(5)热水炉进口燃气压力在 2～4kPa。

3.2　热水炉点火运行

(1)检查炉体应完好无损，安全控保装置完好。

(2)按下控制台"启动"按钮，按两下，第一下为启动显示面板，第二下为启动燃烧机。

(3)启动燃烧机后，鼓风机吹风 30s 左右，高压包放电点火，黄灯闪三下变成绿灯为运行正常，出现红灯报警为故障，这时需按下鼓风机"复位"按钮，再按下控制台上"停止"按钮。如需再次启动，需按下控制台上"启动"按钮。

(4)如热水炉入口压力低于 0.04MPa 时，则需对热水炉进行补水，直至溢水箱液位计见液为止，停止给水。

3.3　停炉

3.3.1　正常停炉

点击控制台上"停止"按钮，点击电源开关后，控制系统电源断开，燃烧器自动熄火。关闭各阀门。

3.3.2　紧急停炉

应迅速切断气源，点击控制台上"停止"按钮，点击电源开关，控制系统电源断开，燃烧器自动熄火。关闭各阀门。

3.4　停炉后的检查

(1)检查各设备、阀门及管线有无泄漏。

(2)对锅炉内外进行检查,检查受压部分的焊缝、钢板内外有无腐蚀现象,若发现存在严重缺陷应及时修理,若缺陷并不严重应待下次停炉时修理,如发现有可疑之处,但并不影响安全生产时,应做记录以便日后参考。

(3)检查完毕后可在着水面涂锅炉底漆,以防腐蚀。

(4)热水炉及炉底座每年至少油漆一次。

3.5　故障处理(出现下列情况,按3.3中的步骤停炉)

(1)炉管破裂或爆炸。

(2)炉膛爆炸或反常高温。

(3)燃烧器出现故障。

(4)气源压力过低或中断。

(5)其他有关的设备故障、断电等。

(6)炉水烧干,无压力显示。

3.6　受压元件的检验和水压试验

3.6.1　检验前应使锅炉完全停炉

彻底清除内部水垢,外部烟灰烟尘,检查重点如下:

(1)焊缝是否正常,有无渗漏情况。

(2)锅炉钢板内外有腐蚀、起槽、变形等现象。

(3)横管有无弯曲,排污管和锅筒一边连接处有无疑点。

(4)如腐蚀严重,做超压试验前还应做强度计算。

3.6.2　水压试验步骤

水压试验时,进水温度应保持在 20～30℃,温度过低,会使锅炉外壁凝有露水,与发生渗水等不严密情况会混淆不清,增加检查困难;温度太高,会使水滴蒸发,使渗漏处不易被发现。

4　操作要点

(1)不允许正压燃烧或炉膛喷烟。

(2)锅炉底部地面上不可积水,以防潮湿腐蚀。

(3)观察热水锅炉的水位情况,要及时补水,严禁液位过低。

5　安全注意事项

(1)检查天然气的泄漏情况,防止天然气泄漏遇火源发生爆炸。

(2)检查时注意防止烫伤、摔伤、碰伤等。

6　突发事故应急处理

本项目选取的事故案例是锅炉水泄漏事故及锅炉天然气泄漏事故，其应急处置程序见表3-17、表3-18。

表3-17　锅炉水泄漏事故应急处置程序

步骤	处置	负责人
现场发现锅炉水泄漏	现场发现锅炉水存在泄漏现象	操作工
报告	向当班班长及中控室汇报	操作工
	向调度及时汇报情况	班长
应急处置措施	1. 中控将主燃料气控制阀逐步关闭； 2. 在维保人员未到达现场前，班长立即组织人员对泄漏点实施应急处置； 3. 维保人员到达现场，实施应急调整； 4. 如果泄漏继续存在，则组织停加热炉	班长 维保人员
应急终止	处置完毕后，应急终止	班长

表3-18　锅炉天然气泄漏事故应急处理

步骤	处置	负责人
现场发现锅炉天然气泄漏	现场发现锅炉天然气存在泄漏现象	操作工
报告	向当班班长及中控室汇报	操作工
	向调度及时汇报情况	班长
应急处置措施	1. 中控将主燃料气控制阀逐步关闭，并停运加热炉； 2. 在维保人员未到达现场前，班长立即组织人员对泄漏点实施应急处置； 3. 维保人员到达现场，实施应急调整	班长 维保人员
应急终止	处置完毕后，应急终止	班长

7　拓展知识阅读推荐

[1]周强泰. 锅炉原理[M]. 北京：中国电力出版社，2013.

[2]申爱新. 浅谈热水锅炉的运行操作[J]. 黑龙江科技信息，2008(26).

[3]范惠毅. 热水锅炉的安全运行与操作[J]. 林业劳动安全，2007，20(2).

项目九　工业用水回收操作

1　项目简介

根据不同情况，对装置区、罐区、丁烷装置工业用水排放回收进行分类操作，实现工业用水回收最大化。

2　操作前准备

(1)防爆F扳手小号和中号各1把、对讲机1双。

(2)防静电服1套(工衣、工裤)、防静电工鞋1双、安全帽1顶、手套1双。

3 操作步骤

（1）确认污水来源。

（2）根据不同污水来源按以下三种情况进行操作：

①以下两种情况，打开去消防池阀门（A），关闭就地排污阀（B）：

a. 装置区夏季在对产品罐和回流罐喷淋降温用水。

b. 罐区在启用外输泵，冷却用水。

②以下五种情况，关闭去消防池阀门（A），打开就地排污阀（B）：

a. 消防演习。

b. 带有洗涤剂的污水。

c. 酸洗或碱洗后的污水。

d. 对空冷器清洗可能进入回收装置的污水。

e. 对设备进行维修、保养时的清洗污水。

③以下两种情况，关闭去消防池阀门（A），关闭就地排污阀（B）。

a. 对设备进行维修、保养时水中含有污油。

b. 对工业用水回收时要密切观察水质，如发现水质有油污要迅速关闭就地排污阀门、关闭工业用水回收阀门，对污油进行回收作业。

4 操作要点

（1）通过对讲机与生产调度确认污水来源。

（2）现场观察污水水质，水质异常时查清原因并做相应处理。

5 安全注意事项

（1）正确使用防爆工具，避免机械伤害。

（2）污水含较多油污，及时关闭去消防池阀门（A），关闭就地排污阀（B），禁止周围一切用火作业，快速查找油污来源是否正常，并做相应处理。

6 突发事故应急处理

本项目选取的事故案例是水质含大量油污，其应急处置程序见表3－19。

表3－19　水质含大量油污应急处置

步骤	处置	负责人
现场发现油污	现场发现水质含大量油污	操作工
报告	向当班班长及中控室汇报	操作工
	向调度及时汇报情况	班长
应急处置措施	1. 迅速关闭就地排污阀门，关闭工业用水回收阀门； 2. 查找泄漏点进行应急处置； 3. 对污油进行回收作业	班长 维保人员
应急终止	处置完毕后，应急终止	班长

7 拓展知识阅读推荐

[1]GB T 32327—2015.工业废水处理与回用技术评价导则[S].北京：中国标准出版社，2015.

项目十 厂区绿化用水操作

1 项目简介

为保证装置区、罐区、丁烷装置、气雾剂区正常绿化，根据水源储蓄状况，分级操作进行浇灌。

2 操作前准备

(1)防爆F扳手小号和中号各1把、对讲机1双。

(2)防静电服1套(工衣、工裤)、防静电工鞋1双、安全帽1顶、手套1双。

3 操作步骤

(1)确认雨水池水量。

(2)根据雨水池水量按以下两种情况进行操作。

①雨水池内水源充足时浇灌绿化带操作步骤如下：

a.通知丁烷装置值班室启泵，出口压力不超过0.6MPa。

b.绿化人员打开要浇灌绿化带管线上的支线阀门。

c.浇灌完毕，由绿化人员通知丁烷装置值班室停运消防池内提升泵。

d.由绿化人员关闭浇灌绿化带管线上的支线阀门。

②雨水池内水源不足时浇灌绿化带操作步骤如下：

a.关闭雨水池提升泵的进出口阀门。

b.打开补压泵房后阀池内、饮用水与绿化水之间的连通阀门。

c.告知绿化工作人员，打开浇灌绿化带支线阀门，进行浇灌。

d.浇灌完毕后，关闭饮用水与绿化水的连通阀门，关闭绿化水管线上的支线阀门。

③冬季对管线进行吹扫：

a.打开值班室前阀池内的低点排放阀，对管线内的余水进行排放。

b.用胶皮管把支阀接入戊烷油罐区仪表风接口处，按由近及远的顺序依次打开绿化水管线上的支阀进行吹扫，压力控制在0.3MPa，见气后，关闭仪表风，关闭管线上各支阀。

4 操作要点

(1)雨水池内水源不足，打开饮用水与绿化水之间的连通阀门时，要缓慢开启连通阀。

(2)注意观察补压泵的出口压力，在绿化用水时要保证其他用户饮用水的供给。

（3）冬季停用绿化水后，要及时对管线进行吹扫，避免管线冻堵。

5 安全注意事项

（1）正确使用防爆工具，避免机械伤害。

（2）冬季应加强巡检，若发现管线冻堵需及时处理。

6 突发事故应急处理

本项目选取的事故案例是管线发生冻堵，其应急处置程序见表3-20。

表3-20 管线发生冻堵应急处置

步骤	处置	负责人
现场发现冻堵	现场冬季管线发生冻堵，绿化用水时无水流	操作工
报告	向当班班长及中控室汇报	操作工
应急处置措施	1. 立即通知丁烷装置区停泵； 2. 现场查找冻堵段； 3. 通蒸汽或用热水疏通； 4. 待管线无冻堵时再次启泵	班长 维保人员
应急终止	处置完毕后，应急终止	班长

7 拓展知识阅读推荐

［1］SH/T 3008—2017. 石油化工厂区绿化设计规范［S］. 北京：中国石化出版社，2017.

第四单元 产品装卸操作

模块一 装车场卸车泵操作

1 项目简介

装车厂中具有卸车泵，主要是从槽车中输送介质到储罐中。

2 操作前准备

(1)穿戴好劳动保护用品：主要包括防静电服1套(工衣、工裤)、防静电工鞋1双、安全帽1顶、手套1双。

(2)准备相关操作工具：包括防爆F扳手小号和中号各1把、对讲机1双。

(3)确认卸车泵以及相关流程正确。

3 操作步骤

3.1 启泵前的检查工作

(1)检查泵出口是否连接出口管路和回流管路。

(2)检查槽车上气相管线要与气相管路相连，保证泵压在均压状况下。

(3)检查泵启动抽液之前是否将管道及泵体内的气体排除。

(4)检查工作液是否充入泵内。

(5)先用手转动泵轴，检查泵内是否有杂物。

(6)检查电机运转方向，检查泵体接地是否完好。

3.2 启泵操作

(1)打开进口管路、出口管路、均压管路、回流管路上各阀门。

(2)若管道内还有气体存在，必须排放后再进行输送液体。

(3)调节进出口压力，压差保持在0.3~0.5MPa。

(4)泵运转过程要密切观察压力变化。

3.3 停泵操作

(1)切断电源停止运转。

(2)关闭各阀门。

(3)清理机组卫生。

4 操作要点

(1)检查槽车上气相管线要与气相管路相连,保证泵压在均压状况下。

(2)检查泵启动抽液之前,应将管道及泵体内的气体排除。

5 安全注意事项

5.1 检查快速接头的情况,防止出现泄漏,以免遇火源发生爆炸。

5.2 如果是饱和蒸气压低于大气压的介质,卸车时要防止出现负压情况。

6 突发事故应急处理

本项目选取的事故案例是卸车泄漏事故,其应急处置程序见表4-1。

表4-1 卸车泄漏事故应急处置预案

步骤	处置	负责人
现场发现泄漏	迅速关闭泄漏点前后截止阀门	操作工
报告	向当班班长及值班调度汇报	操作工
	调度立即通知维保人员	调度
应急处置措施	在维保人员未到达现场前,班长立即组织人员对泄漏点实施监控	班长
	维保人员到达现场组织抢修	维保人员
应急终止	维修完毕并试漏合格后,向调度汇报应急终止	班长

7 拓展知识阅读推荐

[1]王瑞华.离心泵的主要性能参数及操作注意事项[J].建筑工程技术与设计,2018(10).

[2]赵佳惠.浅析启停离心泵的操作[J].科技信息,2013(25).

模块二　装车场装车工艺操作

项目一　装车操作

1　项目简介

装车岗主要是把装置生产的产品从储罐中通过装车泵输送到移动槽车中,实现产品的外销。

2　操作前准备

(1)双防爆 F 扳手小号和中号各 1 把、对讲机 1 双。

(2)防静电服 1 套(工衣、工裤)、防静电工鞋 1 双、安全帽 1 顶、手套 1 双。

(3)确认装车泵以及相关流程正确。

3　操作步骤

3.1　油气安检内容

(1)入厂前检查驾驶员和押运员的驾驶证、行驶证、从业资格证、危化品道路运输证、入厂证是否符合要求。

(2)通过 IC 卡读取,检查槽车证是否在检验日期内,内容是否与安监局下发的压力容器电子档案信息相符。

(3)检查有无携带易燃易爆违禁品,如烟、打火机、燃油等。

(4)检查防火罩是否完好,是否带有消防安全标示,并处于关闭状态。

(5)检查罐体槽车标志铭牌是否完好,内容是否与罐体槽车证录入信息一致。

(6)检查车载灭火器是否完好,压力、压把、保险销、弯管、喷头、罐体、防伪标志、检验日期是否正常。

(7)检查罐体槽车操作箱压力是否正常,压力表是否校验完好。

(8)检查罐体槽车静电接地是否正常。

(9)检查罐体槽车安全阀是否完好,是否处于正常状态。

(10)检查登记无误后,方可入厂装车。

3.2　液化石油汽车充装作业所在单位应具备的条件

(1)有资质的液化石油气汽车罐车充装作业安全管理人员,应是有经过专业培训考核合格的操作人员。

(2)有符合生产工艺要求的设施和防火防爆规定的作业场地,并有足够数量的防护用具和条件。

(3)有充装设备和管线，实施定期检验制度。

(4)充装现场应设置防晒、防雨作业棚。

(5)必须有计量部门检验并出具合格证书的计量设备。

(6)必须有专人负责检查槽车证件和装卸记录(按 ISO9000 体系规定的期限保存)。

3.3　充装前对自身的安全检查内容及要求

(1)充装人员必须按规定穿戴劳保用品。

(2)应急工具放置在便于取用的地方并符合防爆要求。

(3)所有阀门管线不准有跑、冒、滴、漏现象。

(4)所使用的可燃气体报警装置性能良好、定期校验。

(5)双管陆用底部流体装卸臂无泄漏并经过耐压检验。

(6)双管陆用底部流体装卸臂处于复位并锁定状态，防止设备被槽车撞击。

(7)静电接地控制器的导静电接地线和夹具均无损伤，性能可靠。

(8)静电接地控制器的休眠状态、正常工作状态、报警状态均正常。

(9)流量计、温度计、压力表定期检验，性能良好。

(10)与外输岗联系，确保机泵正常。

(11)与计量岗联系，清楚外销产品的密度。

(12)检查轻烃定量装车系统运行是否正常。

(13)检查紧急切断阀是否打开、气动两段式控制球阀是否处于关闭状态。

(14)不符合以上各条款的不准充装。

3.4　对客户及车辆的安全检查和要求

(1)按照标准对客户及罐车进行检查。

①槽车过磅前提供槽车证、准驾证、押运员证、检车证，核实由销售部下发的《油气产品提货单》，机动车驾驶证和汽车罐车准驾证按期审验，押运员证符合规定，齐全无误后对空车进行称重。

②核对、录入上级部门下发的槽车信息，严格执行 IC 卡管理，汽车罐车使用证无涂改、不过期，录入槽车车牌号码、空载质量、充装产品种类。

③填写《液化石油气槽车充装登记表》《装车点供气本使用统计台账》《汽车罐车装卸纪录》等。

(2)首次投入使用或检修后首次使用的汽车罐车用户必须提供置换合格报告或证明文件。

(3)余压不低于 0.05MPa。

(4)罐体安全附件(安全阀、压力表、液位计、温度计)性能良好。

（5）不符合以上各条款的不准充装。

（6）填写并完成《液化气体汽车罐车充装前检查记录表》。

（7）根据槽车证的最大充装量、空载质量（A：挂车的空载质量＝槽车证上空载质量；B：挂车的空载质量＝槽车证上空载质量＋车头质量＜机动车行驶证上标注质量＞）、满载质量与槽车实际空载质量，核定允许充装量。

（8）对于槽车实际空载质量超过槽车证空载质量的，核定充装量时应扣除超出部分；对于槽车实际空载质量低于槽车证空载质量500kg及以下忽略不计，对于槽车实际空载质量低于槽车证空载质量500kg以上者，在核定充装量时超出部分在核定时全部扣除（来我厂充装时槽车最低实际空载质量为基数）；偏差过大者不予充装。

（9）允许充装量＝最大充装量（槽车证上充装量）－罐内余液（槽车实际空载质量－槽车证上空载质量）。核算出允许充装量后填写到检车证上，槽车方可进入装车场。

3.5　地磅室空车检衡

3.5.1　操作步骤

（1）检查汽车衡承重台上是否有杂物、水渍，若有，须清除干净。

（2）将汽车衡传感器插入称重显示控制器，并连接到主机上（首次使用时插入，正常使用时一般不拔掉）。

（3）将称重显示控制器电源开关拨在"断开"位置。

（4）将稳压电源插入220V电源插座，打开稳压电源开关。

（5）将称重显示控制器插入稳压电源插座。

（6）将称重显示控制器电源开关拨在"接通"位置。

（7）预热15min，清零一次，即可正式称量。

（8）指挥车辆驶上汽车衡承重台。

（9）记录车号和称量数据。

（10）指挥车辆驶下汽车衡承重台。

（12）使用完毕，关闭称重显示控制器电源开关，关闭稳压电源开关，拔下与交流电源连接的稳压电源插头。

3.5.2　资料检查

（1）槽车过磅前提供槽车证、准驾证、押运员证、检车证，核实由销售部门下发的《油气产品提货单》，齐全无误后对空车进行称重，录入槽车车牌号码、空载质量、充装产品种类。

（2）填写《液化石油气槽车充装登记表》《装车点供气本使用统计台账》《汽车罐车装卸纪录》《产品提货出门证》。

（3）根据槽车证的最大充装量、空载质量（A：挂车的空载质量＝槽车证上空载质量

B：挂车的空载质量 = 槽车证上空载质量 + 车头质量 < 机动车行驶证上标注质量 >)、满载质量与槽车实际空载质量，核定允许充装量。

（4）对于槽车实际空载质量超过槽车证空载质量的，核定充装量时应扣除超出部分；对于槽车实际空载质量低于槽车证空载质量500kg及以下忽略不计，对于槽车实际空载质量低于槽车证空载质量500kg以上者，在核定充装量时超出部分在核定时全部扣除（来我厂充装时槽车最低实际空载质量为基数）；偏差过大者不予充装。

（5）允许充装量 = 最大充装量（槽车证上充装量）- 罐内余液（槽车实际空载质量 - 槽车证上空载质量）。核算出允许充装量后填写到检车证上，槽车方可进入装车场。

3.6　槽车充装操作

（1）经检查合格后的车辆以车速不超过5km/h进入指定停车位（距离装卸臂支柱约1.2~1.5m），熄灭引擎、手刹制动、拔掉钥匙，司机和押运员下车待命。

（2）双管陆用底部流体装卸臂的连接：

①检查槽车接口的阀处于关闭状态。

②将槽车接口快速接头盖打开。

③打开臂立柱上的内臂锁紧机构手柄。

④手提液相管外伸臂手柄，将臂从挂钩上摘下，移动臂至槽车接口。

⑤打开液相管外伸臂接车端快速接头。

⑥将液相臂外伸臂接口与槽车液相管接口对接。

⑦同样方法将气相管与槽车对应接口对接。

⑧将静电接地控制器导电钳夹在槽车上，保证其连接完好、无报警。

⑨操作臂时严禁将导静电系统、阀门手柄的任何零部件作为着力点拉扯。

（3）开启罐车紧急切断阀，打开罐车气相、液相阀门。

（4）与外输岗位人员联系，打开液相、气相回流阀门并导通装车流程。

（5）启动CD2010多功能批量控制器。

①CD2010隔爆型多功能批量控制器有8个键，分为上下两组，见表4-2。

表4-2　多功能批量控制器键示意表

启动	↑	→	•
急停	F1功能键	F2功能键	确认

CD2010隔爆型多功能批量控制器主菜单分为定量、系数、提前量、通信、模拟量、时间六大类。具体操作如下：

a. 定量：包括定量设置、定量清零、流水号、查询。

• 定量设置：设置装车定量值。按"F1"功能键，在画面中选择"定量设置"菜单，按

"确认"键，此时画面显示上次装车定量值，如需修改可按"增加↑""右移→"和"小数点●"，表示该位是当前光标位，可以修改，修改完后按"确认"键把装车定量值保存。

●定量清零；消除装车定量值。

●流水号：按"增加↑""右移→"和"小数点●"，设定流水号，按"确认"键保存流水号(注："流水号"仅在联机时才使用)。

●查询：可顺序查询作业记录，包括预装量、实装量、车次、灌装时间、灌装状态(正常装车结束、急停等)。

b. 系数：包括流量系数、膨胀系数、密度设置、温度设置。

修改系数之前首先核对密码，只有密码正确才可进入子菜单修改各项系数。

●流量系数：设置方法和定量设置方法类似。

●膨胀系数：设置方法和定量设置方法类似。

●密度设置：设置方法和定量设置方法类似。

●温度设置：设置方法和定量设置方法类似。

c. 提前量：包括提前量 A、提前量 B、阀门组态、自检。

●提前量 A 设置：设置方法和定量设置方法类似。

●提前量 B 设置：设置方法和定量设置方法类似。

②罐车充装：

a. 根据地磅室核定充装的产品种类、允许充装质量，设置装车定量值。

b. 按"启动"键和"●"键后，CD2010 隔爆型多功能批量控制器检查输入数据无误，CD2010 隔爆型多功能批量控制器自动根据阀门组态的信息，相继打开阀门，并开始累计流量。多功能批量控制器不断地检测防静电接地电阻、流量、温度，进行温度补偿运算。

当累计流量达到(定量 − 提前量 A)时，仪表即根据阀门组态的信息相继关阀(如关大阀)；

当累计流量达到(定量 − 提前量 B)时，仪表再根据阀门组态的信息把全部阀门关闭。

c. 紧急暂停：在装车过程中若出现异常情况，人工按"急停"键，CD2010 隔爆型多功能批量控制器立即关闭所有阀门，显示器显示当时实际装车量和"紧急暂停"。

d. 恢复正常装车：待故障排除。情况正常后，可恢复正常装车。按"启动"键和"●"键后，CD2010 隔爆型多功能批量控制器在上次的实际装车量的基础上"继续装车"，流量从原停止装车时的值开始累计；或选择"新业务"，CD2010 隔爆型多功能批量控制器重新开始装车，流量从零开始累计。

(6)开始充装后，要注意检查 CD2010 隔爆型多功能批量控制器流量指示、紧急气动切断阀、气动两段式控制球阀、流量计和压力表的变化情况。

（7）当 CD2010 隔爆型多功能批量控制器流量指示值快到设定值时，打开回流阀，待气动两段式控制球阀关闭后，关闭本台罐车气相、液相快速阀门，停止充装。关闭装车臂气相、液相快速球阀及罐车紧急切断阀门，断开导静电接地系统。

（8）充装过程中导静电接地发生报警时，CD2010 隔爆型多功能批量控制器界面提示"静电接地不良"，两段式控制阀门随即关闭，需要立即打开回流阀门。

（9）如可燃气体报警器不报警，则准许启动车辆。

（10）引导罐车离开装车位，到电子衡称重。

（11）超装罐车一般用非动力倒罐方法卸车，确需进行动力卸车的要严格按照《卸车泵操作》进行卸车。

3.7 地磅室复秤

（1）充装后的车辆进行称重，核对实际充装量，打印过磅单。如果超装的槽车进行卸料作业，通过卸车泵卸入储罐内；若充装量不足，需进行补装，补装规定如下：①对于 8t 以下（含 8t）的车辆，过磅少于 130kg 一律不给补装。②对于 8~20t（含 20t）的车辆，过磅少于 230kg 一律不给补装。③对于 20t 以上的车辆，过磅少于 310kg 一律不给补装。

（2）由地磅室操作人员填写《轻烃提货单》《油气过磅单》《装车点供气本使用统计台账》《汽车罐车装卸记录》，均由客户进行签字。

3.8 超装槽车卸车

（1）联系输油岗人员停运外输泵，打开接收产品罐回流阀。

（2）打开槽车鹤管快捷操作阀，导通卸车泵流程。

（3）按《卸车泵操作》进行卸车。

（4）卸车完毕后进行复秤，核对充装量合格后，出厂检查。

3.9 出厂检查

（1）客户携带《产品过磅单》第二联、第三联出厂，门卫处上交《产品提货出门证》《汽车罐车装卸记录》，核实无误后方可出厂。

（2）月底用户供货本经厂内结账后，到销售部门进行下月的核发手续。

3.10 充装后操作

（1）所有罐车充装完毕后，联系外输岗停泵并关闭至装车场流程。

①装车完毕后，将槽车导静电系统线收好、无报警。

②将气相、液相臂内臂锁紧机构插销推至"锁定"位置。

③将导电钳复位。

④将气相外伸臂接口与槽车接口脱开。

⑤操作气相臂至内外臂等全部复位。操作臂时严禁将导静电系统、阀门手柄的任何零部件作为着力点拉扯。

⑥同样方法将液相臂复位。

⑦盖好外伸臂和槽车接口。

⑧除非会发生干涉，气相、液相臂管的复位一般不分先后，也可以先将液相臂复位，再将气相臂复位。

⑨将装卸臂内介质泄入放空管线内，避免管线内介质超温超压。

(2)检查所有阀门管线有无跑、冒、滴、漏现象，仪器、仪表是否完好。

3.11　双管陆用底部流体装卸臂操作注意事项

(1)双管陆用底部流体装卸臂只在装卸作业时打开，其余时间均应处在复位状态。

(2)在装卸臂没有复位前，槽车不得进入装卸工作区。

(3)除安装有拉断阀或双阀紧急脱开接头的装卸臂在发生紧急情况时可以在没脱开装卸臂与槽车接头的情况下直接开走槽车外，装卸作业时严禁槽车移动。

(4)操作臂时严禁将导静电系统、阀门手柄上的任何零部件作为着力点拉扯。

(5)可以在适当位置增设操作手柄或操作绳，在管道上可增加卡箍固定的手柄，新安装的手柄不得影响臂的转动或与槽车发生碰撞。

4　操作要点

(1)车辆上承重台，车速不大于5km/h。

(2)车辆必须全部驶上承重台，不允许与地面有接触部分。

(3)称重显示控制器应避免放置在阳光直射或取暖器、电风扇直接影响处，以及振动严重的环境中。

5　安全注意事项

(1)在开关阀门时，要注意站位，不能直对阀门，防止液体泄漏对人造成伤害。

(2)装车中要检查接头处的连接情况，防止出现介质泄漏。

6　突发事故应急处理

本项目选取的事故案例是装车泄漏事故，其应急处置程序见表4-3。

表4-3　装车泄漏事故应急处置程序

步骤	处置	负责人
现场发现泄漏	迅速关闭泄漏点前后截止阀门	操作工
报告	向当班班长及值班调度汇报	操作工
	调度立即通知维保人员	调度
应急处置措施	在维保人员未到达现场前，班长立即组织人员对泄漏点实施监控	班长
	维保人员到达现场组织抢修	维保人员
应急终止	维修完毕并试漏合格后，向调度汇报应急终止	班长

7 拓展知识阅读推荐

[1]王瑞华.离心泵的主要性能参数及操作注意事项[J].建筑工程技术与设计,2018
(10).

[2]赵佳惠.浅析启停离心泵的操作[J].科技信息,2013(25).

项目二 放空气体回收操作

1 项目简介

本项目主要介绍放空气体回收操作方法。本气柜是橡胶膜密封干式气柜,采用橡胶膜密封,主要组成部件有侧板、立柱、顶架、顶板、活塞、密封橡胶膜、活塞调平装置、放散装置、环形走道、斜梯等,公称容积2000m³。用于回收和储存生产装置产生的火炬气。

2 操作前准备

(1)防爆F扳手小号和中号各1把、对讲机1双。

(2)防静电服1套(工衣、工裤)、防静电工鞋1双、安全帽1顶、手套1双。

3 操作步骤

3.1 气柜投入运行前检查

(1)检查气柜的密封性能是否良好,各个附件工作是否正常,仪表和自控联锁系统是否完好,各阀门开关操作是否灵便。

(2)检查调平装置、放散装置是否正常,放散阀手动摇轮是否灵活好用。

(3)确认所有气柜检修门完全关闭并插好门栓。

(4)确认气柜顶通风孔关闭,避免杂物进入气柜内部(通风孔仅用于气柜内部检查时的采光)。

(5)检查各轴承给油或给脂是否充分,确保其转动灵活。

(6)确认放散管根部蝶阀处在全开位置并做好铅封,确保放散阀使用正常。

(7)对气柜及进出口管线进行氮气置换并检测合格(氧含量低于2%)。

(8)确认气柜的供电正常,现场及控制室的仪表显示正常,可燃气体报警仪显示正常。

(9)确认火炬气压缩机系统投用正常,确认上下游管线仪表、气动阀门投用正常。

3.2 气柜的投用

(1)将气柜内所有的氮气通过火炬气压缩机入口管线排放阀进行排放,将活塞板高度降到0,关闭火炬气压缩机入口管线排放阀。

(2)导通气柜的入口流程,使火炬气经入口分离器进入气柜。

（3）操作人员注意观察活塞板高度、压力、温度等参数，防止活塞板的升速过快（如果活塞板升速超过 0.1m/s，控制系统将联锁关闭气柜入口紧急切断阀）或其他异常现象。

（4）气柜的活塞板高度升至 4m 时，打开火炬气压缩机入口阀门，启动火炬气压缩机将火炬气送入原料气管网。

（5）气柜活塞板高度逐渐下降并稳定控制在 2.5m 时，气柜投入正常运行。

3.3　气柜的日常操作及维护

（1）按时记录气柜的压力、温度、活塞板高度等设备运行参数，确保其在正常运行范围内。

（2）按照巡检要求对气柜的运行情况进行巡检、记录。

（3）定时检查气柜密封性是否完好，有无泄漏；各仪表完好，显示正常；气柜各运行数据均在规定范围内。

（4）定时检查气柜活塞升降情况，查看有无偏斜、扭转等现象，与壁板的间隙是否正常。

（5）定期检查调平系统的工作是否正常，是否有异物存在，钢丝绳是否均匀拉紧无松弛、无跳丝、无干磨，调平配重滑道是否光滑、无突起物、无锈蚀物。

（6）定期排放冷凝水，定期检查柜顶放散阀密封性。

（7）按要求定期检验气柜高、低位报警，确保其正常。

（8）发现异常情况及时处理并向值班干部进行汇报。

4　操作要点

（1）应密切注意气柜活塞高度和升降速度。

（2）注意气柜高度与压力的对应情况，防止泄漏。

（3）气柜操作严格按照工艺参数控制指标进行操作，严禁超标使用。

（4）日常操作中柜壁检修门关闭并插好门栓，防止雨水飘入柜内和风吹孔门撞击产生火花。

5　安全注意事项

（1）进入气柜作业须严格办理相关作业票证，并提前做好防护工作，严禁私自进入运行中的气柜内部。

（2）气柜发生故障需紧急放散时，要确保人身和设备安全。

（3）冬季上下扶梯应注意防滑，尽量减少作业。

6　突发事故应急处理

本项目选取的事故案例是火炬气向大气泄放，其应急处置程序见表 4-4。

表 4 – 4　火炬气向大气泄放应急处置

步骤	处置	负责人
现场发现火炬气向大气泄放	现场发现活塞板持续上升，活塞护栏上平台顶到柜顶顶杆，自动打开放散阀，将火炬气向大气泄放	操作工
报告	向当班班长及中控室汇报	操作工
	向调度及时汇报情况	班长
应急处置措施	1. 调度室通知立即停止周围一切动火作业； 2. 操作工持续监测大气可燃气体含量； 3. 维保人员查明火炬气回收系统失效原因； 4. 维保人员进行整改； 5. 整改完毕测试正常后继续正常投用	调度室 操作工 班长 维保人员
应急终止	处置完毕后，应急终止	班长

7　拓展知识阅读推荐

［1］韩旭斌. 干式气柜的检修与日常维护［J］. 设备管理与维修，2015（05）：32 – 33.

第五单元　设备维护保养操作

模块一　电气仪表维修操作

项目一　电气维修操作

1　项目简介

本项目主要针对电气设备故障的处置步骤和流程，包括：燃机 DCIIOV 停电处置；配电柜发生火灾处置；615、616(单路或双路)停电处置(罐区及装置区)；紧急检修电器设备故障停运处置。

2　电器部分应急操作预案

2.1　燃机 DCIIOV 停电

(1)现象：

①燃机控制盘失电。

②紧急事故油泵不能启动。

(2)起因：供电开关跳闸。

(3)危害：造成燃机停机。

(4)处理操作：

①配电人员立即检查 DCIIOV 电源柜上电压表是否有电压。

②如有电压检查 MARK V 供电开关状态，如断开应立即闭合，恢复正常供电。

③如无电则检查 250A 空气开关和 ASP2.3/08、M1—GT1—88QE 开关状态，如断开应立即闭合，电压表指示有电后再检查 MARK V 供电开关状态，如断开应立即闭合恢复正常供电。

2.2　配电柜发生火灾

(1)现象：冒烟，有焦糊味、火光。

(2)起因：

①线路短路。

②继电器接触不良打火。

(3)危害：造成全厂供电停止。

(4)处理操作：

①当班人员立即切断该柜电源，如火势较大应立即切断上游电源。

②用室内配备的1211灭火器对准着火部位进行灭火。

③根据火势情况向控制室求援，同时向车间和厂领导汇报。

2.3　装置区配电室应急方案

(1)现象：615、616(单路或双路)停电。

(2)起因：变电所停电。

(3)危害：

①造成装置区所有用电设备停运。

②造成全厂停止生产。

(4)处理操作：值班电工应迅速到达配电室配合配电值班人员根据 Q/TCZ0012—98 规程进行系统恢复供电。

①首先针对重点用电设备进行检查，确保其处于运行及备用状态。

- M1 – GT1 – 88QA、M1 – GT1 – 88HQ、M7 – P$_1$A/B、M12 – P$_1$、M13K1 – A/C/D；
- M11 – P$_1$A/B、M11 – EA1A；
- M2 – TK1 – P$_1$A/B、M3 – K1 – P$_1$A/B、M3 – HV0301/0302/0303。

②根据现场实际开机情况对电器设备进行检查，确保其处于备用状态。

③善后操作：电工班有关人员应同时到达现场进行配合。

2.4　罐区配电室应急方案

(1)现象：613 、614(单路或双路)停电。

(2)起因：变电所停电。

(3)危害：

①影响产品外输和装车。

②影响装置区冷却水供应。

(4)处理操作：

①值班电工迅速到达现场对进线进行确认。

②来电后，确认现场所有用电设备满足送电要求后，方可进行送电操作。

③根据用电设备的重要程度进行逐步送电。给消防泵和补压泵房送电、给外输泵房送电、给污水泵房和深井泵房送电。

④闭合来电进线主开关。

⑤根据现场实际情况和罐区当班人员进行相应的检查。

⑥电工班有关人员同时到达现场进行配合操作。

⑦善后操作：检查罐区各运转设备是否正常。

2.5　紧急检修电器设备应急方案

(1)现象：现场用电设备发生故障停止运行。

(2)起因：控制线路故障及设备故障。

(3)危害：

①造成全厂停机。

②影响产品质量。

(4)处理操作：

①值班电工应迅速了解所修设备的具体设备代码。

②迅速通知配电室停电并挂警示牌。

③确认检修设备处于维修状态。

④电工班其他人员同时准备好相应的检修工具和劳保着装进入现场进行检修，并有专人进行安全负责。

(5)善后操作：

①检修完工后，由值班电工通知配电室恢复供电并配合操作人员对设备进行验收，确认后交付使用。

②对现场进行清理，做到"工完、料尽、场地清"。

3　安全注意事项

(1)按照岗位应急处置流程，一般故障不能处置的及时启动应急处置方案。

(2)应急处置过程中，注意处置次序，防止供电错误造成安全控保设施不能正常使用。

4　拓展知识阅读推荐

[1]DB/11527—2015.变配电室安全管理规范[S].

项目二　仪表维修操作(仪表故障处置)

1　项目简介

本项目主要针对仪表设备故障的处置步骤和流程，包括：机组仪表应急处置；工艺仪表应急处置。

2　机组仪表应急操作

2.1　燃气轮机压缩机(1－GT/1－K1)机组仪表

2.1.1　消防盘出现45HA1可燃气体浓度高报警

(1)起因：机舱内存在可燃气体或仪表故障。

(2)危害：有引起机舱着火的潜在危险。

（3）处理操作：

①立即到现场打开机舱门确认是否存在可燃气体。

②看 FM002A 可燃气体检测仪表是否显示了可燃气体浓度。

③若存在可燃气体，则立即请示停机，查明气体泄漏情况。

④若不存在可燃气体，说明仪表存在故障，则确认机舱排气风扇已经打开。

⑤将 FM002A 可燃气体检测仪表到报警盘的接线跨接。

⑥对可燃气体检测回路进行校验，查找故障原因，修复仪表。

2.1.2　高位油罐低油位报警

（1）起因：液位调节器失灵或液压油压波动。

（2）危害：有引起停燃气轮机的危险。

（3）处理操作：

①立即到现场查看液位调节器的显示液位是否也低。

②若不低，则可判断是油压波动引起，可继续观察。

③若低，则逐渐开大调节阀后的截止阀，同时观察显示液位是否停止下降。

④当液位接近设定点的 50% 时，可缓慢关小截止阀，并尽量接近初调位。

⑤当液位在设定点时，先将调节器置在"手动"位置，转动手动调节钮，使平衡球在中间位置，然后置"自动"位置。

⑥观察液位升降及平衡球的移动情况，反复调节，直至液位平稳为止。

2.1.3　消防盘 45FT 存在火焰报警

（1）起因：仪表故障或存在火焰。

（2）危害：有机舱着火的潜在危险。

（3）处理操作：

①立即到现场确认是否存在火焰。

②若有火焰，则立即触发现场消防按钮，并确认机组已经停机、机舱排气风扇停运，组织灭火。

③若由仪表故障引起报警，先检查现场 7 个火焰探测器的通断情况，正常情况是断开的。

④检查接线端子情况，确认连线没有短接。

⑤卡件检查。

⑥更换或恢复故障部分，消除报警。

2.1.4　烟道挡板位置显示异常

（1）起因：电磁阀故障或变送器故障。

（2）危害：有烟道爆裂的潜在危险。

（3）处理操作：

①温度调节阀 TICA0703 信号输出最大值，使主烟道全开、旁通全关。

②检查电/气转换器有 20mA 电流输入。

③检查主烟道电磁阀，应失电，旁通烟道电磁阀带电。

④检查主烟道位置反馈电压与实际位置是否对应，否则调整位置反馈片。

⑤检查有故障的位置执行器，微调阀门定位器使阀门精确到达指定位置。

⑥逐渐关闭 TICA0703，观察烟道电磁阀动作情况。

2.1.5　燃料气低压报警

(1)起因：5-K1 原料气供气压力确实低或压力开关 63FG 故障。

(2)危害：有停燃气轮机的危险。

(3)处理操作：

①检查 PICA501 燃料气出口压力指示是否为 15.0bar。

②检查现场燃料气压缩机出口压力表指示是否正常，判断 PICA501 压力变送器工作情况。

③检查 63FG 压力开关触点是否闭合。

④若不能停机调校，则可将 PICA501 设定点适当提高后，观察报警情况。

⑤检查接线是否有短接情况。

2.2　膨胀-增压机(2-TK1)机组仪表

2.2.1　膨胀机高振动报警

(1)起因：探测仪表故障或机组确实高振。

(2)危害：膨胀机无法启动，影响全厂生产。

(3)处理操作：

①检查探头阻值情况，正常值为 3Ω 左右。

②检查报警通道对应的探头间隙电压，正常值为 -10V 左右。

③检查前置放大器供电电压，正常值为 -18V 左右。

④检查连接线导通情况。

⑤检查热油温度是否过高。

⑥检查冷却水温度，确认热油温度正常。

⑦更换故障部件。

2.2.2　喷嘴开度突然增大

(1)起因：仪表故障。

(2)危害：膨胀机不能正常运行。

(3)处理操作：

①检查 HI250 喷嘴开度情况。

②检查 PICA202 调节信号及压力信号情况。

③检查 SIA0202 速度指示情况，若速度上升，可判断喷嘴开度确实增大。

④检查 HIC250 气/电转换器。

(5)更换或修复故障部件。

2.2.3　开机后机组无法提转速

(1)起因：膨胀机旁通阀无法控制。

(2)危害：膨胀机不能正常运行，影响工厂产品收率。

(3)处理操作：

①检查 HIC0203 和 HIC0204 输出信号情况。

②复位 HS0205A 开关。

③检查 PICA0202 控制信号，应小于 HIC0204 输出信号。

④复位 HS0206 开关。

⑤检查电磁阀 PSV0202A 应带电、电磁阀 PSV0202B 失电，两阀的动作及导通性能均良好。

⑥验证 HV0202 电气转换器及阀门定位器工作良好。

2.2.4　开机前润滑油泵无法正常投用

(1)起因：密封气低压差或仪表故障。

(2)危害：膨胀机不能及时投运。

(3)处理操作：

①当润滑油泵无法启动时，先检查密封气压差是否低。

②调整密封气压差不低于 3.4bar，检查接线端子 L 和 11 应处于导通状态。

③当辅助润滑油泵无法投"自动"时，先检查油泵出口压力及油箱压力，两者之差不应低于 14bar。

④主泵运行一段时间后，检查电接点压力表，其指示压力应在低设定点之上。

⑤检查接线端子 11 和 13 应处于断开状态。

⑥检查压力开关 PDSL0252，必要时重新校验设定点。

2.2.5　膨胀机控制盘停电

(1)起因：供电开关跳闸或配电故障。

(2)危害：不能及时开膨胀机，影响工厂生产。

(3)处理操作：

①测量控制盘变压器是否有输入电压(交流220V)，否则检查 PC01 柜 1F2.2 供电开关和控制盘的 FU－2 保险。

②测量变压器输出电压(交流115V)。

③检查主接线端子排 HOT 和 NEU 接线情况。

④检查盘电源控制保险 FU－5 和控制开关 SS－1 通断情况。

⑤若确定是保险烧断或供电开关跳闸，再次供电前，一定要检查是否有短路情况存在。

2.3　丙烷气压缩机(3－K1)机组仪表

2.3.1　电机线圈高温停机报警

(1)起因：仪表故障或存在高温。

(2)危害：不能及时启动3－K1，影响工厂生产。

(3)处理操作：

①检查操作站是否存在TSH0317、0318、0319报警。

②检查TE0317、0318、0319现场热电阻温度变送器阻值情况。

③检查三组温度变送器的安全栅。

2.3.2　Ⅰ段入口电动阀无法打开

(1)起因：阀体故障或仪表故障。

(2)危害：不能及时启动机组，影响工厂生产。

(3)处理操作：

①检查阀驱动电机的供电电压(交流380V)。

②通过手轮开关阀，检查阀体是否存在阀卡。

③当开关置在"OPEN"位置时，端子触点TS4－15、TS4－16应处于闭合状态。

④在"CLOSE"时，TS4－13、TS4－14处于闭合状态。

⑤在"STOP"位置时，两组端子触点均处于断开状态。

⑥检查接线端子。

2.3.3　润滑油加热器无法正常运行

(1)起因：电气或仪表故障。

(2)危害：影响机组正常运行，降低机组寿命。

(3)处理操作：

①检查加热器供电电压380V是否正常。

②检查油箱液位是否存在低液位及液位开关LSL0351应处于闭合状态。

③检查油箱温度及温度开关TSHL0350开关状态是否正常。

④检查控制盘上的控制开关HS0350B、HS0350A状态是否正常。

⑤检查继电器R1、R2、R3的工作状况。

⑥检查接线端子。

2.4　工艺仪表应急操作预案

2.4.1　仪表风超低压

(1)现象：快速切断阀出现预报警。

(2)起因：仪表风压力偏低，使快速切断阀体内的反作用弹簧阻力矩减小，在弹簧自身作用力推动气缸活塞运动，从而带动球阀同步运行，快速切断阀逐渐关闭。

（3）危害：引起停机。

（4）处理操作：

①检查故障原因。

②启动备用仪表风压缩机。

2.4.2　紧急启用 13 – K1 备用空压机

（1）现象：仪表风压力低报。

（2）起因：仪表风供气量低于装置区控制阀的正常泄漏量。

（3）危害：生产操作无法正常进行。

（4）处理方法：

①调整加卸载控制点接电压力表上的控制点，使备用空压机处于空载启动。

②启动空压机马达控制柜，使空压机运转。

③空载正常后，调整用于加卸载控制的点接电压力表的控制点，使加卸载工作投入自动。

④善后操作：确保自动加卸载控制系统工作正常，备用机组确保完好。

2.4.3　现场气动快速阀打不开

（1）现象：气动快速阀阀位指示灯不亮，现场或中控室开关不起作用。

（2）起因：电磁阀失电或阀芯卡死。

（3）处理操作：

①打开电磁阀通电开关，现场气源开关处于常开状态。

②检查电磁阀是否带电。

③检查二位三通阀是否正常。

④检查阀位指示器是否正常，接线是否牢固。

⑤以上4条均正常，可判断为阀芯卡死。

⑥善后操作：借助管钳、人力等卡住阀轴，向开阀反方向用力扳动，卡死阀可解除。

2.4.4　气动调节阀故障

（1）现象：不起调节作用。

（2）起因：气源不通、电气转换器损坏、气路不通、阀位定位器损坏、阀芯卡死。

（3）危害：影响正常的自动调节工艺参数，影响产品质量。

（4）处理操作：

①检查气源是否接通。

②检查电气转换器是否正常工作。

③检查电路是否畅通，有无卡、堵现象。

④人为改变喷嘴与挡板间隙，看阀门定位器输出信号是否改变。

⑤阀门定位器输出信号改变时，调节阀仍不动作，说明阀芯卡死。

⑥善后操作：准确判断故障发生部位及原因，在较短时间内排除故障。

2.4.5 压力、压差变送器故障

(1)现象：输出信号偏大、偏小或不变。

(2)起因：引压管线积液或冻堵。

(3)危害：生产工艺参数无法正常控制，造成产品质量不合格。

(4)处理操作：

①检查供电电源24V是否正常。

②检查引压管线是否积液、冻堵或引压管线密封不良。

③变送器是否工作正常。

④善后操作：

a. 与工艺操作人员紧密配合，将控制阀位选择"手动"状态。

b. 检查引压管线密封情况。

c. 打开平衡阀，对正、负引压管线排污。

d. 以上均正常时，可对变送器调校。

2.4.6 浮筒液位变送器故障

(1)现象：输出信号偏大、偏小或不变。

(2)起因：浮筒卡住或零位量程迁移。

(3)危害：生产工艺参数无法正常控制，造成淹塔或罐体内液位不准。

(4)处理操作：

①检查供电电源24V是否正常。

②检查信号引线是否牢固可靠。

③关闭上下游截止阀，打开浮筒排污阀，检查浮筒变送器零位是否准确。

④打开浮筒盲板上的校验孔密封螺丝，用细铁丝钩住变送器扭力杆，用力缓缓向上提升，观察变送器输出是否逐渐增大，最大处应超过20MA。以上如有异议，可对浮筒液位变送器重新校验。

3 安全注意事项

(1)按照岗位应急处置流程，一般故障不能处置的及时启动应急处置方案。

(2)处置过程中，应与工艺岗进行流程确认，防止影响工艺操作。

4 拓展知识阅读推荐

[1]朱永波，朱海勇. 工业自动化仪表故障分析及解决方法探析[J]. 仪表技术，2015(12).

模块二　设备维护保养操作

项目一　燃气轮机/原料气压缩机保养

1　项目简介

为保证燃气轮机/原料气压缩机（MS1002D/2BCL408）安全平稳运行，需定期对设备进行保养，本项目主要包括燃气轮机/原料气压缩机日常保养、一保、二保内容。

2　操作前准备

（1）工具准备：防爆 F 扳手小号、中号各 1 把、对讲机 1 双。

（2）劳保准备：防静电服 1 套（工衣、工裤）、防静电工鞋 1 双、安全帽 1 顶、手套 1 双。

3　保养内容

3.1　日常维护保养

3.1.1　润滑油系统

（1）检查油箱液位、密封油高位油罐液位、分离罐液位是否在规定范围内。

（2）检查燃机机舱内及压缩机撬装上是否渗油。

（3）检查润滑油主过滤器压差 <0.08MPa，控制油过滤器压差 <0.15MPa，液压油过滤器压差 <0.175MPa，否则切换过滤器。

（4）检查润滑油冷却器及管路是否渗漏。

（5）检查润滑油过滤器排放阀、油箱排污阀是否在关闭位置。

3.1.2　燃料气系统

（1）检查燃料气系统是否渗漏。

（2）检查燃料气系统各附件、管线、电缆是否牢靠。

（3）检查燃料气入口放空阀是否在关闭状态。

3.1.3　机械系统

（1）检查机组管线、电缆是否有破损或损坏现象，机组是否有腐蚀、保温层脱落。

（2）检查各机件、法兰的连接是否松动脱落。

（3）保持机组清洁，清除积油、灰尘、污水。

（4）检查机组运行状态是否有异常振动、杂音。

（5）检查燃机空气过滤器压差应小于 10cm 水柱，否则应按规定程序更换过滤器。

（6）检查排气通道中热电偶读数，确定温差。

（7）检查进气过滤器无杂物。

3.2　一保

一级保养简称一保，间隔时间为（2250±250）h。一保内容包括日常检查的全部内容，另增加以下项目：

（1）检查液压油系统。

（2）检查燃机机舱温度。

（3）检查空气过滤器压差。

（4）检查液压跳闸系统（控制油）是否渗漏。

（5）检查机舱照明。

3.3　二保

二级保养简称二保，间隔时间为（6750±250）h。二保内容包括日常检查和一保全部内容，另增加以下项目：

（1）检查控制盘有无灰尘、脏物、油污；检查各连接处是否松动；检查各部件有无过热现象，各触点有无磨损；打火或不正确接触。

（2）检查瞬时电压蓄继电器（14HM）。

（3）检查排气管道膨胀节及连接处、各泵的连接固定情况。

（4）检查二段可调喷嘴控制组件伺服阀、液压缸、传动装置。

（5）检查电机线圈的绝缘和清洁度，检查电刷在刷座中的移动和接触情况。

（6）检查主润滑油泵及主液压油泵尼龙联轴器。

（7）校验燃气轮机、燃气轮机二段喷嘴、速比阀（GCV）及速控阀（SRV）。

（8）检查启动离合器自啮合和脱齿的平滑度，离合器爪是否有磨损。

（9）检查火花塞可伸缩活塞移动灵活性和电极间隙。

（10）检查液位计和报警开关、各液位伺服阀、手动紧急停车系统、压气机放气防喘阀、各控制阀的功能，安全阀的整定值。

4　操作要点

（1）二保过程中需要化验油品质量，按质换油。

（2）校验和测试后的设施元件重新安装后，需检查配合情况是否连接可靠。

（3）结合运转时间和安全阀整定时间，对安全阀进行校验。

5　安全注意事项

（1）对运转部件进行检查前，应劳保着装、佩戴耳塞，女职工盘发。

（2）保养过程中需要对停运的设备进行断电挂牌。

（3）保养过程中涉及特殊作业，如吊装作业，需按照直接作业环节落实审批制度和安全措施。

6 拓展知识阅读推荐

[1]燃气轮机说明书。

[2]石油化工厂设备检修手册[M].北京：中国石化出版社，2004.

[3]HG 30014—2013.生产区域吊装作业安全规范[S].

项目二 增压/膨胀机(EC2 - 374)保养

1 项目简介

为保证增压/膨胀机(EC2 - 374)安全平稳运行，需定期对设备进行保养，本项目主要包括增压/膨胀机日常保养、一保、二保内容。

2 操作前准备

(1)工具准备：防爆F扳手小号、中号各1把、对讲机1双。

(2)劳保准备：防静电服1套(工衣、工裤)、防静电工鞋1双、安全帽1顶、手套1双。

3 保养内容

3.1 日常维护保养

(1)检查油箱内压力、油位、油温情况及供回油压差、供油温度。

(2)检查密封气进出口温度和压力，检查工作轮背压。

(3)检查轴承温度和回油温度、回油油流、机组转速、轴承振动及转子轴向推力差。

(4)检查润滑油系统、冷却水系统、密封气系统、仪表风系统泄漏情况。

(5)检查油滤器压差，压差达到0.08MPa时，切换油滤器并更换滤芯。

(6)检查现场各连接部位螺栓是否松动，现场是否有松、缺、锈现象。

(7)检查机组是否有油、水、气体泄漏，检查现场卫生，清除灰尘及杂物。

3.2 一保

一保间隔时间为(2250±250)h，内容包括日常检查的全部内容，另增加以下项目：

(1)检查机组各部位的温度表、压力表、压差表指示正确。

(2)给润滑油泵电机加注润滑脂。

(3)检查油过滤器切换阀/油冷器油路切换阀。

3.3 二保

二保间隔时间为(6750±250)h，内容包括日常检查和一保全部内容，另增加以下项目：

(1)包含一保全部内容。

（2）检查润滑油泵的供油量、供油压力。

（3）更换润滑油过滤器滤芯。

（4）吹扫润滑油系统管线，清洗油箱及油泵入口过滤器。

（5）检查各电机轴承的磨损润滑情况/机组入口过滤网。

（6）校验各联锁开关/入口可调喷嘴调节器。

4 操作要点

（1）二保过程需要化验油品质量，按质换油。

（2）校验和测试后的设施元件重新安装后，需检查配合情况是否连接可靠。

（3）结合运转时间和安全阀整定时间，对安全阀进行校验。

5 安全注意事项

（1）对运转部件进行检查前须劳保着装、佩戴耳塞，女职工盘发。

（2）保养过程中需要对停运的设备进行断电挂牌。

（3）保养过程中涉及特殊作业，如吊装作业，需按照直接作业环节落实审批制度和安全措施。

6 拓展知识阅读推荐

[1]增压机/膨胀机说明书.

[2]王福利.石油化工厂设备检修手册(压缩机组分册)[M].北京：中国石化出版社，2004.

[3]HG 30014—2013.生产区域吊装作业安全规范[S].北京：化学工业出版社，2013.

项目三　丙烷压缩机(2MCL457/1)保养

1 项目简介

为确保丙烷压缩机(2MCL457/1)安全平稳运行，需定期对设备进行保养，本项目主要包括机组日常保养、一保、二保内容。

2 操作前准备

（1）工具准备：防爆F扳手小号、中号各1把、对讲机1双。

（2）劳保准备：防静电服1套(工衣、工裤)、防静电工鞋1双、安全帽1顶、手套1双。

3 保养内容

3.1 日常维护保养

（1）检查油箱内的油位和油温、油冷器进出口温度应在规定范围内。

（2）检查密封气压力、温度、放空压力与流量是否在正常范围内。

（3）检查中控室 PLC 上位机齿轮箱、压缩机振动、PLC 上位机转子位移是否正常。

（4）检查压缩机各段入口压力、温度及出口压力、温度。

（5）检查润滑油汇管油压、径向和推动轴承油压、高位油箱油位、蓄油器油压。

（6）检查润滑油泵出口压力及润滑油汇管压力。

（7）当油滤器压差大于 1bar 时，切换备用滤芯。

（8）检查现场各连接部位螺栓是否松动。

（9）检查现场是否有油、气、水泄漏及松、缺、锈现象。

（10）检查机组现场卫生，清除灰尘及杂物。

3.2 一保

一保间隔时间为（2250±250）h，内容包括日常检查的全部内容，另增加以下项目：

（1）检查机组各部位的温度表、压力表、压差表。

（2）检查油滤器切换阀、油冷器油路切换阀。

（3）检查机组工艺阀门是否泄漏。

（4）检查机组的振动情况。

（5）做机组低油压自动启辅泵试验。

（6）清除主电机风扇防护网及风扇周围的灰尘。

3.3 二保

二保间隔时间为（6750±250）h，内容包括日常检查和一保全部内容，另增加以下项目：

（1）检查监控系统的报警和跳闸整定值。

（2）更换油滤器滤芯。

（3）检查保养油泵，视情况更换联轴器及油封，疏通润滑油换热器。

（4）校验机组调节阀、电动阀及两位阀。

（5）测试机组紧急停车按钮。

4 操作要点

（1）二保过程需要化验油品质量，按质换油。

（2）校验和测试后的设施元件重新安装后，需检查配合情况是否连接可靠。

（3）结合运转时间和安全阀整定时间，对安全阀进行校验。

5 安全注意事项

（1）对运转部件进行检查前须劳保着装、佩戴耳塞，女职工盘发。

（2）保养过程中需要对停运的设备进行断电挂牌。

（3）保养过程中涉及特殊作业，如吊装作业，需按照直接作业环节落实审批制度和安全措施。

6　拓展知识阅读推荐

[1]丙烷压缩机说明书.

[2]王福利.石油化工厂设备检修手册(压缩机组分册)[M].北京:中国石化出版社,2004.

[3]HG 30014—2013.生产区域吊装作业安全规范[S].北京:化学工业出版社,2013.

项目四　燃气轮机/原料气压缩机(TYPHOON/MAC – 4V – 6B)保养

1　项目简介

为确保燃气轮机/原料气压缩机(TYPHOON/MAC – 4V – 6B)安全平稳运行,需定期对设备进行保养,本项目主要包括机组日常保养、一保、二保内容。

2　操作前准备

(1)工具准备:防爆F扳手小号1把、中号各1把、对讲机1对。

(2)劳保准备:防静电服1套(工衣、工裤)、防静电工鞋1双、安全帽1顶、手套1双。

3　保养内容

3.1　日常维护保养

(1)检查油箱油位。

(2)检查压缩机供油压力、温度及回油温度、回油流量、油色应正常。

(3)检查主润滑油过滤器压差应<0.5bar、控制油过滤器压差应<7bar、液压油过滤器压差应<2.4bar,否则切换过滤器或更换滤芯。

(4)检查干气密封系统的压力、流量、压差应正常。

(5)检查机舱通风过滤器压差、空气进气过滤器压差应正常。

(6)检查机组显示屏上的转速、压力、温度、振动、位移、压差等参数应正常。

(7)检查AC泵、DC泵状态应正常。

(8)检查电器设备的保险丝或断路器、UPS电源的输出。

(9)检查油冷器的出口温度。

(10)检查机组现场声音应无异常响声,检查各连接部位螺栓是否松动。

(11)检查现场是否有松、缺、锈现象,是否有油、水、气体泄漏。

(12)检查机组现场卫生,清除灰尘及杂物。

(13)检查余热锅炉挡板连杆机构工作状况。

3.2 一保

一保间隔时间为(2250±250)h，内容包括日常检查的全部内容，另增加以下项目：

(1)检查机舱的密封情况。

(2)检查空气导入系统的泄漏、损坏情况。

(3)排放机舱的污水。

(4)检查灭火系统的管线及各部分状态。

(5)检查电力系统的电池液位。

(6)检查机组的振动情况。

(7)检查紧急泵、VGV泵的噪音及振动。

(8)检查空气过滤器密封垫的损坏情况。

(9)检查润滑油系统、燃料系统、液压启动系统及VGV系统。

(10)余热锅炉挡板连杆机构加注润滑脂，紧固连接螺钉。

3.3 二保

二保间隔时间为(6750±250)h，内容包括日常检查和一保全部内容，另增加以下项目：

(1)检查机组的地脚螺栓、基础的腐蚀情况。

(2)检查燃料气管网、废气排放系统管网有无泄漏。

(3)检查控制系统的所有节点状态。

(4)调校油路、水路、气路安全阀。

(5)检查油冷器水侧积垢、腐蚀情况。

(6)测试机组紧急停车按钮。

(7)更换主油路过滤器滤芯、VGV系统油滤芯及液压油系统滤芯。

4 操作要点

(1)二保过程需要化验油品质量，按质换油。

(2)校验和测试后的设施元件重新安装后，需检查配合情况是否连接可靠。

(3)结合运转时间和安全阀整定时间，对安全阀进行校验。

5 安全注意事项

(1)对运转部件进行检查前须劳保着装、佩戴耳塞，女职工盘发。

(2)保养过程中需要对停运的设备进行断电挂牌。

(3)保养过程中涉及特殊作业，如吊装作业，需按照直接作业环节落实审批制度和安全措施。

6 拓展知识阅读推荐

[1]燃气轮机/原料气压缩机(TYPHOON/MAC - 4V - 6B)说明书.

[2]王福利.石油化工厂设备检修手册(压缩机组分册)[M].北京：中国石化出版社,2004.

[3]HG 30014—2013.生产区域吊装作业安全规范[S].北京：化学工业出版社,2013.

项目五　增压/膨胀机(15－4E4C)保养

1　项目简介

为确保增压/膨胀机(15－4E4C)安全平稳运行,需定期对设备进行保养,本项目主要包括机组日常保养、一保、二保内容。

2　操作前准备

(1)工具准备：防爆F扳手小号、中号各1把、对讲机1双。

(2)劳保准备：防静电服1套(工衣、工裤)、防静电工鞋1双、安全帽1顶、手套1双。

3　保养内容

3.1　日常维护保养

(1)检查油箱内压力、油位、供油压力及油泵运转情况。

(2)检查油过滤器压差(压差 >0.8bar 时应手动切换油过滤器)、供油温度、回油温度及回油量应正常。

(3)检查油冷器的出口温度及密封气流量、温度、压力、压差应正常。

(4)检查显示屏上的参数(转速、轴承温度、轴承振动)应正常。

(5)检查膨胀机轴向推力应在正常范围(一般应 ≤5bar)。

(6)检查膨胀增压机进、出口压力、温度及轮背压力应正常。

(7)检查机组现场声音,应无异常响声,检查各连接部位螺栓是否松动。

(8)检查机组现场卫生,清除灰尘及杂物。

(9)检查现场是否有松、缺、锈现象,是否有油、水、气体泄漏。

3.2　一保

一保间隔时间为(2250±250)h,内容包括日常检查的全部内容,另增加以下项目：

(1)检查机组各部位的温度表、压力表、压差表、流量计指示正确。

(2)测试所有报警灯。

(3)检查机组的振动情况。

(4)检查油过滤器切换阀。

(5)检查油冷器油路切换阀。

3.3 二保

二保间隔时间为(6750±250)h，内容包括日常检查和一保全部内容，另增加以下项目：

(1)检查润滑油泵的供油量和供油压力。

(2)更换润滑油过滤器滤芯。

(3)检查各电机轴承的磨损、润滑情况。

(4)吹扫润滑油系统管线，清洗油箱及油泵入口过滤器。

(5)检查机组入口过滤网。

(6)校验入口可调喷嘴调节器。

4 操作要点

(1)二保过程需要化验油品质量，按质换油。

(2)校验和测试后的设施元件重新安装后，需检查配合情况是否连接可靠。

(3)结合运转时间和安全阀整定时间，对安全阀进行校验。

5 安全注意事项

(1)对运转部件进行检查前须劳保着装、佩戴耳塞，女职工盘发。

(2)保养过程中需要对停运的设备进行断电挂牌。

(3)保养过程中涉及特殊作业，如吊装作业，需按照直接作业环节落实审批制度和安全措施。

6 拓展知识阅读推荐

[1]增压/膨胀机(15-4E4C)说明书.

[2]王福利.石油化工厂设备检修手册(压缩机组分册)[M].北京：中国石化出版社，2004.

[3]HG 30014—2013.生产区域吊装作业安全规范[S].北京：化学工业出版社，2013.

项目六 丙烷压缩机(2ZMCL457)保养

1 项目简介

为确保丙烷压缩机(2ZMCL457)安全平稳运行，需定期对设备进行保养，本项目主要包括机组日常保养、一保、二保内容。

2 操作前准备

(1)工具准备：防爆F扳手小号、中号各1把、对讲机1双。

(2)劳保准备：防静电服1套(工衣、工裤)、防静电工鞋1双、安全帽1顶、手套1双。

3　保养内容

3.1　日常维护保养

(1)检查油泵出口油压、二次调压阀前油压、供油汇管油压、进入各润滑点前的油压均应正常。

(2)检查主油泵运转情况,声音、振动应正常。

(3)检查高位油罐液位及回油情况应正常。

(4)检查各回油视镜的回油情况,回油量及回油颜色应正常;检查油冷器进、出口温度。

(5)检查油过滤器压差(应≤0.1bar),必要时切换过滤器。

(6)检查主电机两端轴承处油位应在正常范围,检查主电机轴承温度及定子温度。

(7)检查空气密封气过滤器压差(应<0.4bar)、空气流量均应正常。

(8)检查丙烷密封气供给压力(应>0.8MPa)、过滤器压差、参考气压差、放空流量及压力均应正常。

(9)检查氮气发生器内的过滤器压差、氮气纯度、氮气供给压力均应正常。

(10)检查仪表架上的氮气过滤器压差、氮气流量均应正常。

(11)检查机组轴承处的温度、振动及轴位移应正常,无异常响声。

(12)检查各段进出口压力、温度应正常。

(13)检查现场是否有油、水、气泄漏。

(14)检查现场是否有松、缺、锈现象,各连接部位螺栓是否松动。

(15)检查机组现场卫生,清除灰尘及杂物。

3.2　一保

一保间隔时间为(2250±250)h,内容包括日常检查的全部内容,增加以下项目:

(1)检查机组各部位的温度表、压力表、压差表。

(2)检查油过滤器切换阀。

(3)检查油冷器油路切换阀。

(4)检查机组工艺阀门是否有泄漏。

(5)检查机组的振动情况。

(6)做机组低油压自动启辅泵试验。

(7)清除主电机风扇防护网及风扇周围的灰尘。

3.3　二保

二保间隔时间为(6750±250)h,内容包括日常检查和一保全部内容,另增加以下项目:

(1)检查监控系统的报警和跳闸整定值。

（2）更换过滤器滤芯。

（3）检查保养油泵，视情况更换联轴器及油封。

（4）检查疏通润滑油换热器。

（5）校验机组调节阀、电动阀及两位阀。

（6）测试机组紧急停车按钮。

4　操作要点

（1）二保过程需要化验油品质量，按质换油。

（2）校验和测试后的设施元件重新安装后，需检查配合情况是否连接可靠。

（3）结合运转时间和安全阀整定时间，对安全阀进行校验。

5　安全注意事项

（1）对运转部件进行检查前须劳保着装、佩戴耳塞，女职工需要盘发。

（2）保养过程中需要对停运的设备进行断电挂牌。

（3）保养过程中涉及特殊作业，如吊装作业，需按照直接作业环节落实审批制度和安全措施。

6　拓展知识阅读推荐

［1］丙烷压缩机(2ZMCL457)说明书.

［2］王福利.石油化工厂设备检修手册(压缩机组分册)［M］.北京：中国石化出版社，2004.

［3］HG 30014—2013.生产区域吊装作业安全规范［S］.北京：化学工业出版社，2013.

项目七　燃料气压缩机保养

1　项目简介

为确保燃料气压缩机安全平稳运行，需定期对设备进行保养，本项目主要包括机组日常保养、一保、二保内容。

2　操作前准备

（1）工具准备：防爆 F 扳手小号、中号各 1 把、对讲机 1 双。

（2）劳保准备：防静电服 1 套(工衣、工裤)、防静电工鞋 1 双、安全帽 1 顶、手套 1 双。

3　保养内容

3.1　日常维护保养

（1）检查机组油位、油压及油温应正常。

（2）检查冷却罐液位、温度应正常。

(3)检查气缸进、出口压力、温度应正常。

(4)检查油过滤器压差应正常。

(5)检查现场是否有油、水、气泄漏。

(6)检查现场是否有松、缺、锈现象。

(7)检查现场各连接部位螺栓是否松动。

(8)检查机组现场声音,应无异常响声。

(9)检查机组现场卫生,清除灰尘及杂物。

3.2　一保

一保间隔时间为(2250±250)h,内容包括日常检查的全部内容,另增加以下项目:

(1)检查润滑油过滤器滤芯。

(2)检查润滑油过滤器切换阀。

3.3　二保

二保间隔时间为(6750±250)h,内容包括日常检查全部内容,另增加以下项目:

(1)包含一保全部内容。

(2)检查进排气阀密封性。

(3)检查气缸上、下死点/活塞间隙、十字头间隙。

(4)紧固连杆螺栓,清洗曲轴箱。

(5)调校油路、水路、气路安全阀。

(6)检查油冷器水侧积垢、腐蚀情况。

(7)检查各压力开关、温度开关、液位开关、流量开关。

(8)检测主、从动皮带轮盘的平行度。

(9)检查主电机轴承的磨损、润滑情况及皮带张紧力、活塞杆填料磨损情况。

4　操作要点

(1)二保过程需要化验油品质量,按质换油。

(2)校验和测试后的设施元件重新安装后,需检查配合情况是否连接可靠。

(3)结合运转时间和安全阀整定时间,对安全阀进行校验。

(4)发现皮带裂纹断裂,需进行更换。

5　安全注意事项

(1)对运转部件进行检查前须劳保着装、佩戴耳塞,女职工需要盘发。

(2)保养过程中需要对停运的设备进行断电挂牌。

(3)保养过程中涉及特殊作业的,如吊装作业,需按照直接作业环节落实审批制度和安全措施。

6 拓展知识阅读推荐

[1]燃料气压缩机说明书.

[2]王福利.石油化工厂设备检修手册(压缩机组分册)[M].北京:中国石化出版社,2004.

[3]工业和信息化部.生产区域吊装作业安全规范:HG 30014—2013[S].北京:化学工业出版社,2013.

项目八 仪表风压缩机(LS16-100)保养

1 项目简介

为确保仪表风压缩机(LS16-100)安全平稳运行,需定期对设备进行保养,本项目主要包括机组日常保养、一保、二保内容。

2 操作前准备

(1)工具准备:防爆F扳手小号、中号各1把、对讲机1双。

(2)劳保准备:防静电服1套(工衣、工裤)、防静电工鞋1双、安全帽1顶、手套1双。

3 保养内容

3.1 日常维护保养

(1)检查压缩机出口、油气分离器出口压力、温度应正常。

(2)检查疏水阀排水口应有水排出。

(3)检查各报警点情况,应无报警。

(4)检查管路过滤器压差,应在绿色区。

(5)检查干燥塔排气口,应无阻塞。

(6)检查油气分离器油位。

(7)检查现场是否有油、水、气泄漏及松、缺、锈现象。

(8)检查现场各连接部位螺栓是否松动。

(9)检查机组现场声音,应无异常响声。

(10)检查机组现场卫生,清除灰尘及杂物。

3.2 一保

一保间隔时间为(2000±250)h,内容包括日常检查的全部内容,另增加以下项目:

(1)清洁回油管过滤器。

(2)更换润滑油过滤器滤芯。

(3)吹扫空气滤芯。

(4)清洁回油管节流孔。

(5)测试操作盘上的报警灯。

3.3　二保

二保间隔时间为(8000 ± 250)h,内容包括日常检查全部内容,另增加以下项目:

(1)包含一保全部内容。

(2)更换空气过滤器、润滑油过滤器。

(3)更换油气分离器主、次级滤芯。

(4)检查油冷却器、空气冷却器。

4　操作要点

(1)二保过程需要化验油品质量,按质换油。

(2)校验和测试后的设施元件重新安装后,需检查配合情况是否连接可靠。

(3)结合运转时间和安全阀整定时间,对安全阀进行校验。

5　安全注意事项

(1)对运转部件进行检查前须劳保着装、佩戴耳塞,女职工盘发。

(2)保养过程中需要对停运的设备进行断电挂牌。

(3)保养过程中需要对机组内部进行检查时,需要对管路泄压。

6　拓展知识阅读推荐

[1]仪表风压缩机(LS16 – 100)说明书.

[2]王福利. 石油化工厂设备检修手册(压缩机组分册)[M]. 北京:中国石化出版社,2004.

项目九　制氮系统(PSA200 – 995/006Q)保养

1　项目简介

为确保制氮系统(PSA200 – 995/006Q)安全平稳运行,需定期对设备进行保养,本项目主要包括机组日常保养、一保、二保内容。

2　操作前准备

(1)工具准备:防爆 F 扳手小号、中号各 1 把、对讲机 1 双。

(2)劳保准备:防静电服 1 套(工衣、工裤)、防静电工鞋 1 双、安全帽 1 顶、手套 1 双。

3　保养内容

3.1　日常维护保养

(1)检查压缩机出口、油气分离器出口压力、温度,应正常。

(2)检查疏水阀排水口应有水排出。

(3)检查各报警点情况，应无报警。

(4)检查管路过滤器压差，应在绿色区。

(5)检查干燥塔排气口，应无阻塞。

(6)检查油气分离器油位。

(7)检查现场是否有油、水、气泄漏，是否有松、缺、锈现象。

(8)检查现场各连接部位螺栓是否松动。

(9)检查机组现场声音，应无异常响声。

(10)检查机组现场卫生，清除灰尘及杂物。

3.2 一保

一保间隔时间为(2000 ± 250)h，内容包括日常检查的全部内容，另增加以下项目：

(1)检查空气过滤器。

(2)检查润滑油过滤器。

(3)检查润滑油系统。

(4)检查冷却器。

3.3 二保

二保间隔时间为(8000 ± 250)h，内容包括日常检查全部内容，另增加以下项目：

(1)包含一保全部内容。

(2)更换空气过滤器。

(3)更换润滑油过滤器。

(4)更换润滑油，清洗油腔、管路。

(5)更换油气分离器滤芯。

4 操作要点

(1)二保过程需要化验油品质量，按质换油。

(2)校验和测试后的设施元件重新安装后，需检查配合情况是否连接可靠。

(3)结合运转时间和安全阀整定时间，对安全阀进行校验。

(4)冬季室外机组需检查伴热系统，防止冻堵。

5 安全注意事项

(1)对运转部件进行检查前须劳保着装、佩戴耳塞，女职工盘发。

(2)保养过程中需要对停运的设备进行断电挂牌。

(3)室内进行氮气泄压时，需要打开排风扇进行通风。

6 拓展知识阅读推荐

[1]制氮系统(PSA200 - 995/006Q)说明书.

[2]王福利．石油化工厂设备检修手册(压缩机组分册)［M］．北京：中国石化出版社，2004．

项目十　氮气车(DW100)保养

1　项目简介

为确保氮气车(DW100)安全平稳运行，需定期对设备进行保养，本项目主要包括机组日常保养、一保、二保内容。

2　操作前准备

(1)工具准备：防爆F扳手小号、中号各1把、对讲机1双。

(2)劳保准备：防静电服1套(工衣、工裤)、防静电工鞋1双、安全帽1顶、手套1双。

3　保养内容

3.1　日常维护保养

(1)检查压缩机出口、油气分离器出口压力、温度应正常。

(2)检查疏水阀排水口应有水排出。

(3)检查各报警点情况，应无报警。

(4)检查管路过滤器压差，应在绿色区。

(5)检查干燥塔排气口，应无阻塞。

(6)检查油气分离器油位。

(7)检查现场是否有油、水、气泄漏。

(8)检查现场是否有松、缺、锈现象。

(9)检查现场各连接部位螺栓是否松动。

(10)检查机组现场声音，应无异常响声。

(11)检查机组现场卫生，清除灰尘及杂物。

3.2　一保

一保间隔时间为(2000±250)h，内容包括日常检查的全部内容，另增加以下项目：

(1)检查空气过滤器。

(2)检查润滑油过滤器。

(3)检查润滑油。

3.3　二保

二保间隔时间为(8000±250)h，内容包括日常检查全部内容，另增加以下项目：

(1)包含一保全部内容。

(2)更换空气过滤器。

(3)更换润滑油过滤器。

(4)更换润滑油，清洗油腔、管路。

4　操作要点

(1)二保过程需要化验油品质量，按质换油。

(2)校验和测试后的设施元件重新安装后，需检查配合情况是否连接可靠。

(3)结合运转时间和安全阀整定时间，对安全阀进行校验。

(4)冬季室外机组需检查伴热系统，防止冻堵。

5　安全注意事项

(1)对运转部件进行检查前须劳保着装、佩戴耳塞，女职工需要盘发。

(2)保养过程中需要对停运的设备进行断电挂牌。

6　拓展知识阅读推荐

[1]氮气车(DW100)说明书.

[2]王福利.石油化工厂设备检修手册(压缩机组分册)[M].北京:中国石化出版社,2004.

项目十一　液化气压缩机(ZW-2.0/10-15A)保养

1　项目简介

为确保液化气压缩机(ZW-2.0/10-15A)安全平稳运行，需定期对设备进行保养，本项目主要包括机组日常保养、一保、二保内容。

2　操作前准备

(1)工具准备:防爆F扳手小号、中号各1把、对讲机1双。

(2)劳保准备:防静电服1套(工衣、工裤)、防静电工鞋1双、安全帽1顶、手套1双。

3　保养内容

3.1　日常维护保养

(1)检查机组油位、油压及油温应正常。

(2)检查气缸进、出气压力、温度应正常。

(3)检查现场是否有油、水、气泄漏。

(4)检查现场是否有松、缺、锈现象。

(5)检查现场各连接部位螺栓是否松动。

(6)检查机组现场声音，应无异常响声。

(7)检查机组现场卫生,清除灰尘及杂物。

3.2 一保

一保间隔时间为(2250±250)h,内容包括日常检查的全部内容,另增加以下项目:

(1)检查进气滤网。

(2)检查润滑油。

(3)检查出口单向阀。

3.3 二保

二保间隔时间为(6750±250)h,内容包括日常检查全部内容,另增加以下项目:

(1)包含一保全部内容。

(2)检查皮带老化程度,必要时更换。

(3)更换活塞密封环和导向环。

(4)清洗曲轴箱。

(5)调校油路、水路、气路安全阀。

(6)检查压力开关、温度开关、液位开关、流量开关。

(7)检测主、从动皮带轮盘的平行度。

(8)检查主电机轴承。

(9)检查活塞杆填料。

4 操作要点

(1)二保过程需要化验油品质量,按质换油。

(2)校验和测试后的设施元件重新安装后,需检查配合情况是否连接可靠。

(3)结合运转时间和安全阀整定时间,对安全阀进行校验。

(4)活塞填料、皮带破损失效,需要及时进行更换。

5 安全注意事项

(1)对运转部件进行检查前须劳保着装、佩戴耳塞,女职工需要盘发。

(2)保养过程中需要对停运的设备进行断电挂牌。

(3)拆卸零部件过程中,防止机械伤害。

6 拓展知识阅读推荐

[1]液化气压缩机(ZW-2.0/10-15A)说明书.

[2]王福利.石油化工厂设备检修手册(压缩机组分册)[M].北京:中国石化出版社,2004.

[3]工业和信息化部.生产区域吊装作业安全规范:HG 30014—2013[S].北京:化学工业出版社,2013.

项目十二　火炬气压缩机（HGS17283 - 75）保养

1　项目简介

为确保火炬气压缩机（HGS17283 - 75）安全平稳运行，需定期对设备进行保养，本项目主要包括机组日常保养、一保、二保内容。

2　操作前准备

（1）工具准备：防爆 F 扳手小号、中号各 1 把、对讲机 1 双。

（2）劳保准备：防静电服 1 套（工衣、工裤）、防静电工鞋 1 双、安全帽 1 顶、手套 1 双。

3　保养内容

3.1　日常维护保养

（1）检查压缩机出口、油气分离器出口压力、温度，应正常。

（2）检查油气分离器油位。

（3）检查各报警点情况，应无报警。

（4）检查过滤器压差，应在绿色区。

（5）检查现场是否有油、水、气泄漏。

（6）检查现场是否有松、缺、锈现象。

（7）检查现场各连接部位螺栓是否松动。

（8）检查机组现场声音，应无异常响声。

（9）检查机组现场卫生，清除灰尘及杂物。

3.2　一保

一保间隔时间为（2250 ± 250）h，内容包括日常检查的全部内容，另增加以下项目：

（1）清洁入口滤网。

（2）更换润滑油过滤器。

（3）检查排污阀。

（4）检查止回阀。

3.3　二保

二保间隔时间为（6750 ± 250）h，内容包括日常检查全部内容，另增加以下项目：

（1）包含一保全部内容。

（2）更换润滑油。

（3）更换润滑油过滤器。

（4）更换油气分离器滤芯。

（5）检查冷却器。

4　操作要点

（1）二保过程需要化验油品质量，按质换油。

（2）校验和测试后的设施元件重新安装后，需检查配合情况是否连接可靠。

（3）结合运转时间和安全阀整定时间，对安全阀进行校验。

5　安全注意事项

（1）对运转部件进行检查前须劳保着装、佩戴耳塞，女职工盘发。

（2）保养过程中需要对停运的设备进行断电挂牌。

（3）装卸零部件过程中，防止机械伤害。

6　拓展知识阅读推荐

[1]火炬气压缩机(HGS17283 - 75)说明书.

[2]王福利.石油化工厂设备检修手册(压缩机组分册)[M].北京：中国石化出版社，2004.

[3]工业和信息化部.生产区域吊装作业安全规范：HG 30014—2013[S].北京：化学工业出版社，2013.

项目十三　小型制氮机组(SAC37 - 8A)保养

1　项目简介

为确保小型制氮机组(SAC37 - 8A)安全平稳运行，需定期对设备进行保养，本项目主要包括机组日常保养、一保、二保内容。

2　操作前准备

（1）工具准备：防爆F扳手小号、中号各1把、对讲机1双。

（2）劳保准备：防静电服1套(工衣、工裤)、防静电工鞋1双、安全帽1顶、手套1双。

3　保养内容

3.1　日常维护保养

（1）检查压缩机出口、油气分离器出口压力、温度，应正常。

（2）检查控制面板参数正常，检查各报警点情况，应无报警。

（3）检查干燥器排气口无堵塞，管路过滤器排水通畅。

（4）检查油气分离器油位。

（5）检查现场是否有油、水、气泄漏，是否有松、缺、锈现象。

（6）检查现场各连接部位螺栓是否松动。

(7)检查机组现场声音，应无异常响声。

(8)检查机组现场卫生，清除灰尘及杂物。

3.2 一保

一保间隔时间为(2000 ± 250)h，内容包括日常检查的全部内容，另增加以下项目：

(1)检查回油管路过滤器。

(2)吹扫空气滤芯。

(3)测试操作盘上的报警灯。

3.3 二保

二保间隔时间为(8000 ± 250)h，内容包括日常检查全部内容，另增加以下项目：

(1)包含一保全部内容。

(2)更换空气过滤器。

(3)更换润滑油。

(4)更换润滑油过滤器。

(5)更换油气分离器主、次级滤芯。

(6)检查油冷却器、空气冷却器。

4 操作要点

(1)二保过程需要化验油品质量，按质换油。

(2)校验和测试后的设施元件重新安装后，需检查配合情况是否连接可靠。

(3)结合运转时间和安全阀整定时间，对安全阀进行校验。

5 安全注意事项

(1)对运转部件进行检查前须劳保着装、佩戴耳塞，女职工需要盘发。

(2)保养过程中需要对停运的设备进行断电挂牌。

(3)室内进行氮气泄压时，需要打开排风扇进行通风。

6 拓展知识阅读推荐

[1]小型制氮机组(SAC37 – 8A)说明书.

[2]王福利.石油化工厂设备检修手册(压缩机组分册)[M].北京：中国石化出版社，2004.

[3]工业和信息化部.生产区域吊装作业安全规范：HG 30014—2013[S].北京：化学工业出版社，2013.

项目十四　离心泵保养

1　项目简介

为确保离心泵安全平稳运行，需定期对设备进行保养，本项目主要包括机组日常保养、一保、二保内容。

2 操作前准备

(1)工具准备:防爆 F 扳手小号、中号各 1 把、对讲机 1 双。

(2)劳保准备:防静电服 1 套(工衣、工裤)、防静电工鞋 1 双、安全帽 1 顶、手套 1 双。

3 保养内容

3.1 日常维护保养

(1)检查油杯是否缺油(油杯 1/2～2/3 处),不足时补加。

(2)检查泵的进出口压力是否正常。

(3)检查电机和泵的发热、振动、噪音是否异常。

(4)检查机械密封的密封情况。

(5)检查泵体进出口管路跑、冒、滴、漏情况。

3.2 一保

一保间隔时间为(2250±250)h,内容包括日常检查的全部内容,另增加以下项目:

(1)检查电机地脚螺栓、泵体螺栓。

(2)检查联轴器、润滑油及各阀门。

(3)检查接线盒、电动机和控制线路。

3.3 二保

二保间隔时间为(6750±250)h,二保内容包括日常检查全部内容,另增加以下项目:

(1)包含一保全部内容。

(2)检查电机、泵体螺栓。

(3)检查泵体各连接汇管。

(4)检查泵体进口滤网。

(5)清洗轴承腔体。

(6)检查出口单向阀。

(7)对泵、电机进行对中找正。

(8)检查冷却罐。

(9)检查泵体上部滚动轴承。

4 操作要点

(1)二保过程需要化验油品质量,按质换油。

(2)校验和测试后的设施元件重新安装后,需检查配合情况是否连接可靠。

5 安全注意事项

(1)对运转部件进行检查前须劳保着装、佩戴耳塞，女职工需要盘发。

(2)保养过程中需要对停运的设备进行断电挂牌。

(3)装卸零部件过程中，防止机械伤害。

6 拓展知识阅读推荐

[1]离心泵说明书.

[2]薛敦松.石油化工厂设备检修手册(泵分册)[M].北京：中国石化出版社，2004.

[3]工业和信息化部.生产区域吊装作业安全规范：HG 30014—2013[S].北京：化学工业出版社，2013.

项目十五 屏蔽泵保养

1 项目简介

为确保屏蔽泵安全平稳运行，需定期对设备进行保养，本项目主要包括机组日常保养、一保、二保内容。

2 操作前准备

(1)工具准备：防爆F扳手小号、中号各1把、对讲机1双。

(2)劳保准备：防静电服1套(工衣、工裤)、防静电工鞋1双、安全帽1顶、手套1双。

3 保养内容

3.1 日常维护保养

(1)检查冷却水流量是否正常。

(2)检查进出口压力是否正常，压力是否波动。

(3)检查TRG值是否在正常区域内。

(4)检查尾部回流管线温度是否正常。

3.2 一保

一保间隔时间为(1250±250)h，内容包括日常检查的全部内容，另增加以下项目：

(1)检查泵体螺栓。

(2)检查进口滤网。

(3)检查诱导轮固定螺栓。

3.3 二保

二保间隔时间为(6750±250)h，内容包括日常检查全部内容，另增加以下项目：

(1)包含一保全部内容。

（2）检查诱导轮及泵口环。

（3）检查泵进口。

（4）检查泵体各连接汇管。

4　操作要点

（1）二保恢复后，通过 TRG 表观察。

（2）校验和测试后的设施元件重新安装后，需检查配合情况是否连接可靠。

5　安全注意事项

（1）对运转部件进行检查前须劳保着装、佩戴耳塞，女职工需要盘发。

（2）保养过程中需要对停运的设备进行断电挂牌。

（3）装卸零部件过程中，防止机械伤害。

6　拓展知识阅读推荐

[1]屏蔽泵说明书.

[2]薛敦松．石油化工厂设备检修手册(泵分册)[M]．北京：中国石化出版社，2004.

[3]工业和信息化部．生产区域吊装作业安全规范：HG 30014—2013[S]．北京：化学工业出版社，2013.

项目十六　消防泵保养

1　项目简介

为确保消防泵安全平稳运行，需定期对设备进行保养，本项目主要包括机组日常保养、一保、二保内容。

2　操作前准备

（1）工具准备：防爆 F 扳手小号、中号各 1 把、对讲机 1 双。

（2）劳保准备：防静电服 1 套(工衣、工裤)、防静电工鞋 1 双、安全帽 1 顶、手套 1 双。

3　保养内容

3.1　日常维护保养

（1）检查轴承是否缺油，不足时补加。

（2）检查泵的进出口压力是否正常。

（3）检查电机和泵的发热、振动、噪音是否异常。

（4）检查水封的密封情况。

（5）检查泵体进出口管路的跑、冒、滴、漏情况。

3.2　一保

一保间隔时间为(2250±250)h，内容包括日常检查的全部内容，另增加以下项目：

(1)检查电机地脚螺栓、泵体螺栓是否松动。

(2)检查联轴器是否松动。

(3)观察润滑脂是否变质、乳化。

(4)检查各阀门盘根是否压紧,有无泄漏情况。

3.3 二保

二保间隔时间为$(6750\pm250)h$,内容包括日常检查全部内容,另增加以下项目:

(1)包含一保全部内容。

(2)检查泵体进口滤网是否完好。

(3)清洗轴承腔体,更换润滑脂。

(4)检查清洗出口单向阀。

(5)检查紧固电机、泵体螺栓。

(6)对泵、电机进行对中找正。

(7)检查更换水封及轴套。

(8)检查泵体上部滚动轴承,视情况进行更换。

(9)检查紧固泵体各连接汇管。

4 操作要点

(1)二保过程需要化验油品质量,按质换油。

(2)校验和测试后的设施元件重新安装后,需检查配合情况是否连接可靠。

5 安全注意事项

(1)对运转部件进行检查前须劳保着装、佩戴耳塞,女职工需要盘发。

(2)保养过程中需要对停运的设备进行断电挂牌。

(3)装卸零部件过程中,防止机械伤害。

6 拓展知识阅读推荐

[1]消防泵说明书.

[2]薛敦松.石油化工厂设备检修手册(泵分册)[M].北京:中国石化出版社,2004.

[3]工业和信息化部.生产区域吊装作业安全规范:HG 30014—2013[S].北京:化学工业出版社,2013.

项目十七 真空污水泵保养

1 项目简介

为确保真空污水泵安全平稳运行,需定期对设备进行保养,本项目主要包括机组日常保养、一保、二保内容。

2 操作前准备

(1)工具准备：防爆 F 扳手小号、中号各 1 把、对讲机 1 双。

(2)劳保准备：防静电服 1 套(工衣、工裤)、防静电工鞋 1 双、安全帽 1 顶、手套 1 双。

3 保养内容

3.1 日常维护保养

(1)检查轴承是否缺油，不足时补加。

(2)检查泵的进出口压力是否正常。

(3)检查电机和泵的发热、振动、噪音是否异常。

(4)检查机械密封的密封情况。

(5)检查进气呼吸阀是否运行正常。

(6)检查泵体进出口管路跑、冒、滴、漏情况。

3.2 一保

一保间隔时间为(2250±250)h，内容包括日常检查的全部内容，另增加以下项目：

(1)检查电机地脚螺栓、泵体螺栓是否松动。

(2)检查联轴器是否松动。

(3)更换电机润滑脂。

(4)检查各阀门盘根是否压紧，有无泄漏情况。

3.3 二保

二保间隔时间为(6750±250)h，内容包括日常检查全部内容，另增加以下项目：

(1)包含一保全部内容。

(2)检查泵体进口滤网是否完好。

(3)清洗轴承腔体，更换润滑脂。

(4)检查清洗出口单向阀。

(5)检查紧固电机、泵体螺栓。

(6)对泵、电机进行对中找正。

(7)检查电机滚动轴承，视情况进行更换。

(8)检查紧固泵体各连接汇管。

4 操作要点

(1)二保过程需要化验油品质量，按质换油。

(2)校验和测试后的设施元件重新安装后，需检查配合情况是否连接可靠。

5 安全注意事项

(1)对运转部件进行检查前须劳保着装、佩戴耳塞，女职工需要盘发。

(2)保养过程中需要对停运的设备进行断电挂牌。

(3)装卸零部件过程中，防止机械伤害。

6 拓展知识阅读推荐

[1]真空污水泵说明书.

[2]薛敦松.石油化工厂设备检修手册(泵分册)[M].北京：中国石化出版社，2004.

[3]工业和信息化部.生产区域吊装作业安全规范：HG 30014—2013[S].北京：化学工业出版社，2013.

项目十八 正/异丁烷泵(LGLD3F)保养

1 项目简介

为确保正/异丁烷泵(LGLD3F)安全平稳运行，需定期对设备进行保养，本项目主要包括机组日常保养、一保、二保内容。

2 操作前准备

(1)工具准备：防爆F扳手小号、中号各1把、对讲机1双。

(2)劳保准备：防静电服1套(工衣、工裤)、防静电工鞋1双、安全帽1顶、手套1双。

3 保养内容

3.1 日常维护保养

(1)检查泵轴承是否缺油，不足时补加。

(2)检查泵的进出口压力是否正常。

(3)检查电机和泵的发热、振动、噪声是否异常。

(4)检查机械密封的密封情况。

(5)检查变速箱油位是否正常。

(6)检查泵体进出口管路跑、冒、滴、漏情况。

3.2 一保

一保间隔时间为(2250±250)h，内容包括日常检查的全部内容，另增加以下项目：

(1)检查电机地脚螺栓、泵体螺栓是否松动。

(2)检查联轴器是否松动。

(3)加注电机润滑脂。

(4)检查各阀门盘根是否压紧，有无泄漏情况。

3.3 二保

二保间隔时间为(6750±250)h，内容包括日常检查全部内容，另增加以下项目：

（1）包含一保全部内容。

（2）检查泵体进口滤网，清理杂质。

（3）检查轴承，更换润滑脂。

（4）检查清洗出口单向阀。

（5）检查泵滑片，视情况进行更换。

（6）更换变速箱润滑油。

4　操作要点

（1）二保过程需要化验油品质量，按质换油。

（2）校验和测试后的设施元件重新安装后，需检查配合情况是否连接可靠。

5　安全注意事项

（1）对运转部件进行检查前须劳保着装、佩戴耳塞，女职工需要盘发。

（2）保养过程中需要对停运的设备进行断电挂牌。

（3）装卸零部件过程中，防止机械伤害。

6　拓展知识阅读推荐

［1］正/异丁烷泵（LGLD3F）说明书.

［2］薛敦松. 石油化工厂设备检修手册（泵分册）［M］. 北京：中国石化出版社，2004.

［3］工业和信息化部. 生产区域吊装作业安全规范：HG 30014—2013［S］. 北京：化学工业出版社，2013.

项目十九　燃气轮机清洗操作

1　项目简介

为保证燃气轮机的正常输出和良好运行，至少间隔3000h对轴流压气机进行清洗，特殊情况下，经设备专业检查确认，可以加密清洗频次。

2　操作前准备

2.1　材料准备（表5-1）

表5-1　材料表

名称	规格	数量	备注
蒸馏水	25L	45桶	
清洁剂	—	5L	
喷气燃料		15L	
采样瓶	200mL	8个	

名称	规格	数量	备注
盲板	DN50 厚度2mm	1个	
	DN250 厚度2mm	1个	
金属缠绕垫	DN50	1个	
	DN250	1个	
耳塞	—	5个	

2.2 设备准备(表5-2)

表5-2 设备表

名称	规格	数量	备注
清洗车	电源380V	1台	
自制喷枪	—	1个	
喷枪胶管	—	20m	

2.3 工具准备(表5-3)

表5-3 工具表

名称	规格/in	数量	备注
梅花扳手	24~27	2把	
	17~19	2把	
	14~17	2把	
活动扳手	8in	1个	
平口螺丝刀	150mm	1把	
撬杠	—	1根	
防爆手电筒	—	1个	

2.4 清洗保养前系统检查

2.4.1 工艺

(1)检查确认机舱温度是否冷吹到室温。

(2)检查确认燃料气体入口阀已关闭。

(3)检查辅助润滑油泵(88QA)运行状态是否正常。

2.4.2 电气

检查清洗车接线是否正常,检查电机运转方向。

2.4.3　仪表

（1）检查确认压气机是否可冷吹，是否有不满足的信号。

（2）检查燃料控制阀状态。

2.4.4　设备

机舱温度降低到可作业温度后，对清洗项目进行检查准备。

（1）关闭燃烧室火焰探测器阀门，打开仪表风密封气阀门，拆卸燃机南北两侧直径12mm活接头和压气机入口南北侧清洗挡板。压气机10级防喘管线法兰处、燃机燃烧室底部、空气冷却管线法兰处分别安装DN250、DN50、DN60盲板。

（2）清洗车清洗干净后放置现场，注入清洁的蒸馏水，漂洗罐注入清洗液至清洗罐最高处。清洗液按照洗洁精0.5～0.6L、喷气燃料12～14L、蒸馏水250L配比，并搅拌均匀。严禁颗粒杂质进入漂洗罐和清洗罐内。

（3）作业指挥人员调试通信工具后，准备工作结束。

3　压气机清洗

3.1　清洗浸泡作业

（1）作业人员手持清洗喷头进入燃机北侧清洗窗口，现场启动电机马达（88CR）开关置在准备状态。

（2）作业指挥通知中控室启动燃机冷吹，打开清洗罐出口阀门，启动泵后对压气机吸入口喷射清洗液，进行第一次清洗液清洗。

（3）主操作人员打开压气机排液口，用采样瓶收集排出的液体并进行编号，用于观察清洗效果。清洗罐液位下降至2/3时，关闭清洗罐出口阀门，通知中控室停止冷吹，关闭清洗罐阀门，停泵，压气机浸泡30min。

3.2　漂洗作业

3.2.1　浸泡完成后，对压气机进行两次蒸馏水漂洗

（1）作业人员手持喷头进入南侧清洗窗口，作业指挥人员通知中控室开始冷吹，打开蒸馏水漂洗罐出口阀门。启动泵，开始漂洗。

（2）蒸馏水漂洗罐液位下降至1/2处时，关闭漂洗罐出口阀门，打开清洗罐出口阀门，进行清洗液清洗。清洗时，关闭排出液阀门，待清洗罐液位下降至1/2处时，通知中控室停止冷吹，关闭清洗罐阀门，停泵，作业人员离开压气机清洗窗口，对压气机浸泡30min。

（3）漂洗罐添加蒸馏水至满液位。

3.2.2　第3次蒸馏水漂洗

（1）操作人员手持喷头进入北侧清洗，作业指挥人员通知中控室开始冷吹。打开漂洗罐出口阀门。启动泵，开始漂洗。期间，可以打开燃机排液阀门排液，用采样瓶采集排出液体，观察与前几次取出的样，水应该干净、清澈，泡沫和煤油味明显减少。

（2）排出的水符合要求后，作业指挥人员通知中控室停止冷吹，作业人员离开压气机清洗窗口，恢复燃机南北清洗挡板。

3.3 冷吹作业

压气机清洗工作完成，作业人员松动 DN60、DN250 两处盲板螺栓，全开压气机排液阀，通知中控室进行冷吹，冷吹间隔设定在半小时（半小时冷吹、半小时停机）。中控室操作人员吹扫 3 个周期后，通知作业人员拆卸盲板。

3.4 作业恢复

（1）作业人员到达现场后，关闭压气机排液阀，取下 DN60、DN250 两处盲板，恢复流程。

（2）恢复南北两侧 $\Phi12mm$ 活接头，打开烟道探测器阀门和烟道人孔挡板，用毛巾清洁烟道内积存的液体，清洁完毕后，恢复烟道人孔挡板，清洁燃机机舱里的液体。

（3）压气机各松动部位恢复后，主作业人员通知中控室人员按照半小时间隔继续冷吹 $3\sim4h$ 后，关闭仪表风密封气阀门，整个清洗工作结束。

（4）压气机清洗工作完成后，打扫清理现场。将清洗车相关电源拆卸，清洗存放清洗车，并清理存放蒸馏水桶，对燃气轮机卫生进行清洁。

4 操作要点

（1）保养开始前须检查清洗车内部水槽，试运清洗车阀门开启情况、电机转向、水泵出口压力、电缆及接线头。

（2）安装盲板过程中，法兰处垫片如损坏，必须更换。

（3）漂洗过程中打开燃机排液阀门排液，用采样瓶收集排出的液体并进行编号，用于观察比对。

（4）第三次清洗后，若排出的水比较浑浊，泡沫和煤油味无明显减少，应该停止冷吹，添加蒸馏水至漂洗罐。过半小时后，重新开始冷吹漂洗，直至排出的水符合要求。

（5）压气机各部位恢复后，间隔半小时冷吹 $3\sim4h$，确保无残留水。

（6）吸入口喷射清洗液，进行第一次清洗液清洗。确定启动燃机处于"冷脱"位置，再启动。

5 安全注意事项

（1）夜晚清洗，提前准备好照明灯具。

（2）清洗人员佩戴耳塞，衣服口袋中禁装物品，避免吸入压气机内，造成压气机叶片损坏。

（3）清洗过程中，操作人员须配备护目镜，防止清洗剂误入口或眼中，造成人员伤害。

（4）清洗液应排入污水系统处理后排放。

6　拓展知识阅读推荐

[1]燃气轮机说明书.

[2]王福利.石油化工厂设备检修手册(压缩机组分册)[M].北京：中国石化出版社，2004.

[3]尹琦岭.RY－1压气机清洗剂的应用[J].燃气轮机技术，1993(3).

项目二十　维修过程故障处置操作

1　项目简介

本项目主要针对维修过程中故障的处置步骤和流程。

2　维修应急操作预案

2.1　泵类

2.1.1　维修外输泵时，泵内易燃介质泄漏

(1)起因：进、出口阀门内漏。

(2)危害：易引起设备火灾，影响设备安全生产。

(3)处理步骤：

①停止工作，疏散人员，打开通风装置。

②准备好消防器材，以防火灾的发生。

③通知小班人员倒流程。

④待介质挥散后在法兰处加盲板。

⑤经安全人员气体检测后方可施工。

2.1.2　维修外输泵时，设备撞击产生火花，燃烧

(1)起因：室内有弥散气体，拆卸不当或设备撞击产生火花而致燃烧。

(2)处理步骤：

①立即用灭火器灭火。

②用消防水对周边设备进行冷却降温。

③通知小班人员切断相关工艺流程。

④通知安全人员、厂领导。2.1.3　试泵时，泵内机封处冒烟着火

(1)起因：机封安装不当，动静环安装过紧引起。

(2)危害：危害人员生命安全，影响设备安全生产。

(3)处理步骤：

①立即切断电源。

②用现场灭火器进行扑救工作。

③通知小班人员切断工艺流程，泄压。

④通知安全人员、厂领导。

2.2 动设备检修注意事项

(1)相关供电电源应从配电室切断并挂牌。

(2)切断相关工艺流程，对可燃或有毒的介质应排放并置换干净，由工艺人员确认后，方可进行检修。

(3)在有可燃气体的场所作业时，应使用防爆工具。

(4)在危险区作业时，应配好消防器材并由专人负责。

(5)作业完毕，应通知工艺人员，并做到"工完、料净、场地清"。

2.3 深井泵出口水表打碎

(1)现象：水表碎裂，水喷出。

(2)原因：压力超高或表质量有问题。

(3)危害：

①易引起电路短路。

②碎块伤人。

(4)处理操作：

①迅速到总配电室停电。

②切断相关流程。

③善后操作：更换水表，正常后送电。

2.4 深井泵出口闸板脱落

(1)现象：泵出口压力上升异常。

(2)原因：阀门老化，闸板脱落。

(3)危害：使泵憋压，刺穿井下法兰垫片。

(4)处理操作：

①立即停泵。

②汇报车间。

③善后操作：立即更换。

2.5 消防泵出口单向阀破裂

(1)现象：阀体破裂，大量溢水。

(2)原因：水击。

(3)危害：会引发电路起火。

(4)处理操作：

①立即到总配电室停泵。

②切断流程。

③汇报车间。

④善后操作：更换。

3　安全注意事项

(1)在进行应急处置的过程中，对易燃易爆、有毒介质的处置过程中，注意使用防爆工具、防护用具，防止发生次生事故。

(2)按照岗位应急处置流程，一般故障不能处置的及时启动应急处置方案。

4　拓展知识阅读推荐

[1]雷滋栋，陈鑫．离心泵故障原因分析与维修策略[J]．中国石油和化工标准与质量，2019(9)．

第六单元　季节性安全操作

模块一　冬季安全生产操作

1　项目简介

为了加强冬季安全生产管理，确保生产装置的安全、平稳、连续运行，本项目针对天然气处理装置冬季安全生产中的特殊操作，列举冬季安全生产操作及注意事项。

2　操作前准备

(1)操作人员劳保着装，针对涉及的介质性质，佩戴劳动防护用品。

(2)工具准备：防爆 F 扳手小号和中号各 1 把、对讲机 1 双。

(3)劳保准备：防静电服 1 套(工衣、工裤)、防静电工鞋 1 双、安全帽 1 顶、手套 1 双。

3　操作内容

3.1　现场排污

(1)任何排污操作都应缓慢进行。

(2)岗位人员每班对 HV - 0107 阀的旁路排放 2 次以上。

(3)岗位人员每小时对再生气流量变送器排液 1 次。

(4)凝液罐(8 - V2)液位达到 60% 时，岗位人员应及时压送，避免整个排污管线发生堵塞、憋压。

(5)8 - V2 压油时，岗位人员先开排液阀排水，再将污油压至稳定塔(1 - C1)。

(6)8 - V2 污油压至 1 - C1 后，岗位人员连续 2d 每班对丁烷回流罐浮筒液位计、丁烷储罐浮筒液位计、戊烷油储罐浮筒液位计排液 1 次，防止液位计冻堵。

(7)岗位人员应根据环境温度将原料气分离器(1 - V1)、级间分离器(1 - V3)、干燥器分离器(1 - V4)液位调节阀、两相分离器(1 - V7)油相调节阀保持一定的开度。

(8)岗位人员应根据环境温度将 1 - C1 压力调节阀开度调到 1% 位置，以免冻堵管线，并保证塔顶正常压力。

（9）岗位人员每小时对机组 9 - B1 进行巡检，根据泵 9 - P1 压力进行补水；若 9 - B1 停运，应保证 9 - P1 的运行；若 9 - B1 长时间停运，则应排放净系统内的水。

（10）仪表人员每周对二期装置燃机一段出口压力变送器、二段出口压力变送器排放两次，排放前应通知中控室。

（11）仪表人员每 8∶00 班对二期装置膨胀机差压变送器（PDT0116）进行排液，排液时应先排负压室，再排正压室，排完后先关正压室，再关负压室。

（12）仪表人员对仪表保温箱保温情况进行检查，发现不热，及时处理。

（13）仪表人员对浮筒液位计电伴热保温情况进行检查，防止冻堵、卡涩现象。

3.2　燃机/原料气压缩机

（1）岗位人员每小时检查空气过滤器压差，若压差逐步升高，及时对过滤器实施反吹；雾天、雪天造成空气过滤器压差升高时，在反吹无效的情况下，根据压差情况，可采用降低处理量以至手动停机的措施；岗位人员每小时对密封气过滤器排液 1 次。

（2）装置运行时，应选择环境温度在 5℃ 以上时进行燃机清洗，避免环境温度在 5℃ 以下时进行清洗，同时反吹或更换空气过滤器滤芯。

（3）装置运行时，若燃气轮机停机，应及时排放原料气压缩机组 1 - K1 密封气过滤器积存的液体，避免冻堵；对燃机空气过滤器滤芯进行 2 ~ 3 次反吹；同时燃料气压缩机应继续使用干气，通过调节干气外输调节阀和脱乙烷塔去干气调节阀，保证燃料气供气压力；若停机时间过长，干气无法保证时，则应考虑将干气切换为原料气。

（4）岗位人员视情况投运增压机最终冷却器 1 - E2，并保证干燥塔吸附温度高于 25℃。

3.3　仪表风系统

（1）冬季前，由设备管理员检查干燥器运行状况，并检测 3 台机组的干燥后露点应低于 - 30℃。

（2）三台空压机采取"以 C 机为主，A、B 机为辅"的运行模式，并根据机组运行时间定期切换使用。

（3）岗位人员每班检查仪表风压缩机房暖气情况，保证供暖正常。

（4）岗位人员保证运行机组房间内适当通风，防止环境温度超高；停运机组房间应关闭门窗，保持环境温度在 0℃ 以上。

（5）岗位人员每小时对运行机组进行巡回检查，重点检查疏水阀是否排水畅通，干燥器充泄压情况。

（6）岗位人员必须对停运机组低点进行排放，以防止冻堵。

（7）岗位人员每班对仪表风储罐低点进行排放。

（8）仪表班每周对装置区仪表风汇管进行排放，检查是否含水，防止调节阀动作故障。

针对冬季调节阀误动作，采取的措施是：首先通知中控室将其打手动状态，走旁通，现场关闭仪表风，打开滑阀查看是否有冰水，若有则用暖风机吹干，之后复装投用；如果故障仍存在，则依照仪表维修规程进行维修。

3.4　消防水系统

（1）保持消防罐液位在 9m 以上。

（2）岗位人员每 2h 检查一次伴热保温情况是否完好。

（3）用完消防水后，岗位人员应关闭消防泵的出口阀及回流阀，打开现场各消防栓的入口阀和喷淋水管线的排放阀、系统的低点排放阀进行现场排放。

（4）排放完毕后，岗位人员现场关闭各消防栓的入口截止阀、喷淋水管线的排放阀，系统低点排放阀保持打开位置。

（5）紧急情况下需启用消防泵时，岗位人员迅速关闭消防水的低点排放阀，打开消防泵的出口阀，启动泵 12 - P1，调整回流阀开度控制消防水系统压力。

3.6　空冷器的投用

（1）视环境温度情况启动或停运空冷器，优先使用可变频的空冷器，保证空冷后温度在 30℃ 左右。

（2）视环境温度情况，可对空冷器翅片进行适当遮盖，防止介质温度过低。

3.7　伴热带

（1）岗位人员每班对现场伴热带进行检查，发现伴热带不热，及时通知电气人员进行修复。

（2）电气人员每天对现场伴热带进行检查，发现伴热带不热，及时处理。

3.8　冬季装置停机后的处理

（1）若停机时间较长，岗位人员排放 1 - V1、1 - V3、1 - V4、1 - V6、1 - V7、稳定塔（1 - C1）水相。

（2）烃液排放时要缓慢，防止管线和 8 - V2 冻堵。

（3）烃液排放完毕后，将 8 - V2 内污油及时压出。

（4）若装置需要长期停机，则需要对干燥塔进行双塔再生，防止分子筛含水上冻粉化。二期装置可以将原料气切换为干气，对干燥塔进行双塔再生。

3.9　罐区

（1）岗位人员密切注意储罐液位、温度、压力变化，出现异常情况应及时检查、确认、排除，严防液位计冻堵造成假液位现象。

（2）岗位人员注意罐体及附件（压力表、液位计、安全阀、温度计）、低点排污、阀门，特别注意储罐根部阀兰的完好情况。

（3）严禁储罐空罐存放，液位在 700 ~ 2500mm，紧急备用罐除外。

(4)操作人员应正确操作外输泵，外输销售完毕后要及时关闭流程和进出口阀门，但严禁关闭外输泵冷却循环水阀门。

(5)操作人员应正确使用压缩机，冬季环境温度低造成饱和蒸气压低，需提前启动压缩机。启运压缩机前注意检查工艺流程、进出口分离器和积液罐液位，运行中注意检查压缩机进出口压力、压缩比、温度及润滑油液位、压力、温度，以上各项均应在规定值内。

(6)对丁烷、丙烷化验合格后，操作人员分别启动压缩机给丙烷罐、丁烷罐加压，达到外输或销售要求，注意检查储罐压力，严防抽空和安全阀起跳。

(7)操作人员巡检时注意检查水套炉液位(在规定值内)、加水伴热、炉膛燃烧情况、天然气供气压力、管道泵运转情况，发现问题及时处理。

(8)操作人员巡检时注意各泵房的保暖情况，将各泵房棉门帘及时挂好。重点是消防泵房、压缩泵房、3个消防阀组间、外输泵房、1#戊烷油罐液位计和进出口阀组处伴热情况，如发现问题应及时处理，处理不了的及时向厂值班干部汇报。

(9)操作人员接收装置区戊烷油时，应检查其含水情况，如油中含水，立即向值班人员汇报。

(10)装车岗操作人员对冬季容易损坏的胶圈等物品要备齐。

4 操作要点

(1)制定防冻点检查表，定期对防冻点进行检查。

(2)装车岗操作人员下雪时及时清理装车场积雪，保证装车正常进行。

(3)伴热带运行情况的检查，伴热带留有检查口。

(4)喷淋水系统、地上消防水系统和管网防冻，冬季温度低于0℃时，应通过低点排放阀门对储罐喷淋水管网、装车场喷淋水管线内的积水进行排放(排放完毕关闭阀门)。

(5)机组润滑油系统任何原因造成停机后，应及时投用润滑油加热器，适当控制油冷器冷却水流量，保持各机组的润滑油温度在25~60℃，满足机组开机要求。

5 安全注意事项

(1)出现雨、雪、冰冻天气，巡检时要注意自身安全，防冻、防滑、防摔。

(2)排凝、排水过程中，人员全过程监督，严禁排凝过程中人员擅自离场。

6 拓展知识阅读推荐

[1]段中华，张洪伟.化工装置设备及管道防冻设计要点分析[J].化工设计，2014(4).

模块二　夏季安全生产操作

1　项目简介

为了加强夏季安全生产管理，确保生产装置的安全、平稳、连续运行，本项目针对天然气处理装置夏季安全生产特点，列举夏季安全生产操作及注意事项。

2　操作前准备

(1)操作人员劳保着装，针对涉及的介质性质，佩戴劳动防护用品。

(2)工具准备：防爆 F 扳手小号和中号各 1 把、对讲机 1 双。

(3)劳保准备：防静电服 1 套(工衣、工裤)、防静电工鞋 1 双、安全帽 1 顶、手套 1 双。

(4)做好"夏季十防"(防火、防爆、防超温超压、防风暴洪涝灾害、防雷击、防溺水、防中暑、防食物中毒、防蚊虫叮咬、防交通事故)工作，确保夏季安全生产。

(5)配备防洪排涝设施(包括应急物资、污水提升泵、厂区内外的地下污水管线)，做好防大汛、排大涝的各项准备工作。

(6)配备急救药品箱、防暑降温药品。

3　罐区夏季安全生产操作

3.1　主体装置夏季操作要点

(1)密切关注原料气压缩机一、二段出口温度，若温度出现升高趋势，及时到现场确认空冷器运转状况，并适时投用喷淋水，防止压缩机出口高温造成停机。

(2)密切关注燃气轮机机组参数，并控制在正常范围内，特别是由于环境因素影响容易引起变化的参数，如供油温度、空气过滤器压差、排气温度等，及时冲洗滤网。

(3)密切关注燃料气压缩机机组参数，并控制在正常范围内，特别是由于环境因素影响容易引起变化的参数，如供油温度、冷却罐液位、排气温度等。若燃机停机需要重新启动时，在外输干气压力不足的情况下，一期装置的燃料气压缩机可使用返输干气作为气源。

(4)适时投用增压机最终冷却器(1－E2)，将干燥塔入口温度控制在 25～27℃之间，保证干燥系统的最佳吸附温度。在大气量时及时按照要求调整参数，保证干燥塔程序正常进行，避免出现干燥塔延时。密切关注再生塔加热程序结束时的出口温度，确保吸附塔 8h 内正常切换，若再生塔出现延时，则提前控制，必须保证吸附塔在 9h 完成切换，且原料气露点温度必须低于 -60℃。

3.2　辅助装置夏季操作要点

(1)由于环境温度的升高,造成燃机输出功率降低,影响工厂的处理气量。当处理气量低于 $8 \times 10^5 m^3/d$ 时,在确保膨胀机不超速的前提下,可缓慢开大喷嘴开度,以增加处理气量。由于开大喷嘴而造成膨胀机的制冷量降低,可通过增加制冷量、减小低温分离器 2 – V1 液位调节阀开度及降低干气外输压力的方法来降低温度,提高收率。

(2)密切关注膨胀/增压机机组参数,并控制在正常范围内,特别是由于环境因素影响容易引起变化的参数,如供油温度、供回油压差、轴承振动、密封气温度、密封气压差等。若供油温度持续偏高,造成轴承振动持续上升时,可以采取对油冷器进行喷淋降温的办法降低供油温度。

3.3　罐区夏季操作要点

(1)密切关注丙烷制冷压缩机三段出口温度,若温度出现升高趋势,及时到现场确认空冷器运转状况,若空冷后温度高于 45℃,需开喷淋水对 3 – V4 喷淋降温,防止压缩机出口超高温造成停机。

(2)机组停运后,应及时关闭 HSV – 0304 阀、各分离器液位调节阀;关闭制冷循环罐 3 – V6、制冷循环罐 3 – V7 液位调节阀及 3 – V7 压力调节阀;关闭各段入口电动阀。若开机前系统压力过高,需开制冷剂二级入口罐 3 – V2、制冷剂三级入口罐 3 – V3 顶部及三段出口放空阀泄压,待压力降至 0.5MPa 以下,且电压达到 6300V 以上时,方能启动机组。

3.4　产品装卸夏季操作要点

(1)随着环境温度的升高,在保证产品质量合格的前提下,适当调整各塔参数:降低底温、减少回流、提高塔压设定点。

(2)当环境温度恢复过程中,首先逐步关小空冷器喷淋水,直到关闭,再停回流罐的喷淋水,最好恢复参数至正常值。

3.5　辅助单元夏季操作要点

(1)加强日常巡检,注意产品储罐液位,防止超液位、超压事故的发生。

(2)及时补加冷却水,确保冷却水流量在 40t/h 以上,冷却水循环泵入口压力在 0.12MPa 以上,视情况投用冷却水空冷器喷淋水,以保证各机组的正常供油温度。应根据各用户的温度,达到对冷却器 11 – EA1 喷淋用水量最小。当环境温度恢复过程中,首先逐步关小空冷器喷淋水,直到关闭。

(3)确保 12 – T1 液位在 8m 以上,保证现场用水量。

3.6　检查内容

(1)消防水系统、雾化水系统试运行,确保泵、管线、阀门等处于完好状态。

(2)消防喷淋管线喷孔应完好,不堵塞。

(3)消防栓端盖应灵活,及时保养;消火栓箱内扳手、消防水带、枪头等设施齐全;消防炮手轮灵活。

（4）根据空冷器铝翅片被杨絮、灰尘等堵塞情况，对空冷器进行冲洗。

3.7 储运岗夏季安全操作

（1）严禁储罐超温、超压工作。戊烷油罐区压力不得高于 0.55MPa，其他罐区压力不得高于 1.55MPa。罐温控制在 40℃ 以下。如发生超压现象，应立即进行平压操作；如发生超温现象应进行喷淋作业。

（2）严禁储罐超液位运行。储罐有效储存容积为罐容积的 85%，液位必须控制在 2.5m 以内。

（3）环境温度升高，必须加密巡检次数，密切注意罐区动态，有特殊情况向厂值班人员汇报。

（4）加强紧急事故罐的管理，没有特殊情况，严禁使用紧急备用罐。在特殊情况下，小班人员有权先使用紧急备用罐后汇报。

（5）密切注意水罐、深井泵、补压泵系统的状态，在各泵运行良好的情况下，注意水罐水位，饮用水水位不超过 3.5m、不低于 1m，不要冒罐或打空。

（6）每周试运消防泵，确保消防泵好用。

（7）保证稳高压系统（自动状态）运转平稳，按时巡检，发现问题及时处理并汇报。

（8）消防罐要确保有足够的水位，夏季水位不高于 11.5m，不低于 9m。

（9）雷雨天气停运外输泵，并通知化验室停止取样作业。在室外工作的人员应尽快躲入建筑物内，切勿接近导电性高的物体，切勿接触天线、水管、铁丝网、金属门窗、建筑物外墙，远离电线等带电设备及高架灯、避雷针或其他类似金属装置。在无法躲入有防雷设施的建筑物内时，应远离树木和桅杆，至少要离开大树 5m。

（10）雨天要及时打开罐区防火堤外的排水阀门，排水完毕及时关闭。

（11）及时通知化验室分析化验产品质量，化验人员取样现场必须有人监护，保证每日 8：00 可以进行装车作业。

（12）装置区的首次开机产品应导入储罐。

3.8 装车岗夏季安全操作

（1）液化气槽车充装前和充装全过程必须按规定进行检查，不符合安全要求的槽车坚决不予充装；严格按规程充装、计量，禁止超量充装，认真填写充装前后的各种资料。

（2）加强检车后的复检工作，确保车辆无问题。

（3）严格遵守操作，装车完毕后关闭所有装车流程。

（4）严禁超装，超装后必须卸车。

（5）雷雨天气禁止装车。

（6）雷雨季节在完成当天销售任务，下班前要及时关闭批控系统，切断批控系统电源，以防打雷击坏板卡。

(7)装车人员必须与小班人员密切联系，共同做好产品销售工作。

3.9　仪表夏季安全操作

(1)所有机柜的风扇及其过滤网应定期检查，若有损坏及时更换，保证机柜正常通风。

(2)检查装置区所有调节阀，对处于喷淋区域的仪表接线盒、调节阀膜头排气孔处做好防水措施。

(3)雷雨天气时对装置区和罐区的视频监控、事故广播、周界防范系统断电，做好防雷工作。

(4)火炬气系统运行后仪表风房内温度过高，仪表风干燥塔和制氮装置的程序控制器长时间在高温下工作会产生故障，仪表人员应加强每天巡检，检查干燥系统电磁阀的动作及程序控制器是否匹配。

3.10　电气夏季安全操作

(1)在工作中必须两人以上同时进行，一人工作一人监护。

(2)配电室应做好防雨、防洪、通风措施，保证配电室环境温度不超过25℃，确保供电系统运行正常平稳。

(3)加强对各单元空冷器、冷却水系统电机的巡检及日常维护工作，确保冷却系统工作平稳。

(4)加强饮用水系统、消防系统及污水系统电气设备的日常维护保养，确保给水排水及消防喷淋系统无故障运行。

(5)做好现场配电箱、电机接线盒及停运电机的密封防水措施，对可能进水的电气设备做防雨罩。

(6)加强对避雷针、避雷器的检查，做好夏季防雷工作。

(7)工作结束后，清点工具、零件，以免遗失在设备内造成事故。检修人员撤离前，负责人应向值班人员交代清楚，并共同检查无误后方可离开。

3.11　钳工夏季安全操作

(1)夏季运行前，需对装置区工艺泵进行清洗油箱、更换润滑油及对备用泵进行试运行，防止夏季高温、油质不良造成工艺泵轴承损坏，并及时检查工艺泵油腔，防止喷淋水进到油腔引起润滑油变质。夏季定期对空冷器补充黄油，防止进水使油变质。

(2)确保机组13-K1/A/B冷却水流量，以保证各机组的正常供油温度，并保证13-K1/C机组处于良好的备用状态。如需运行13-K1/C机组，运行前需对13-K1/C机组风冷盘管冷却器进行仪表风清洁除尘，运行中一旦发现机组一段出口高温，要立即停运机组，拆卸盘管冷却器进行清洗。

(3)夏季运行氮气车时，运行前需对氮气机组风冷盘管冷却器进行仪表风清洁除尘，防止氮气车夏季运行时一段高温停车。必要时用高压清洗机对氮气机组风冷盘管冷却器进行清洗。

4　操作要点

(1)关注各储罐压力和问题,适当降低储罐液位。

(2)若塔压失控,持续升高,应对各塔(罐)开启不凝气回流阀门,开启放空阀,开启喷淋降温。

(3)加大巡检和安全监控力度,及时发现和处理生产过程中的跑、冒、滴、漏现象。

(4)对消防设施进行检查和维修,保证稳高压系统正常运行,保证消防泵、消防水罐以及现场喷淋降温设施完好。

(5)夏季来临前,对安全控保设施进行检查检测。

(6)定期对压力容器及安全附件进行检验校验。

(7)汛期来临前,对防洪设施进行全面检查。

5　安全注意事项

(1)所有高耸建筑(包括烟囱、火炬、高架灯、避雷针等设施)必须进行稳固性检查,防止大风吹倒造成灾害。

(2)严禁在5级以上大风、暴雨、雷电等天气时上罐、塔等装置进行登高作业以及特种作业。

(3)加强劳动保护,做好防暑降温、灭蚊蝇工作,对所有空调、通风扇进行检查。

(4)加强食堂的卫生监管,防止发生食物中毒。

(5)不要到沟河、池塘游泳,防止发生溺水事故。

6　拓展知识阅读推荐

[1]陈立明.浅谈石油化工企业夏季安全生产技术措施[J].化工安全与环境,2005(23).